黑科技·系列

超人诞生

人类增强的新技术

[日] 稻见昌彦◎著　谢严莉◎译

ZHEJIANG UNIVERSITY PRESS
浙江大学出版社

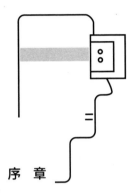

序 章

透过科幻作品，思考
人类增强工程

人类增强工程的目标

本书的主题是"人类增强工程"（augmented human）。

大家对"人类增强工程"这个词或许还很陌生，但近年来，该领域发展得如火如荼，世界各国都在积极地进行与此相关的研究。自2010年开始，研究者定期召开国际人类增强会议，到2016年已经迎来了第7届，其中2011年和2014年的两届会议都是在日本召开的，组委会中也有不少日本人，而我有幸是这个国际会议的发起成员之一。

人类增强工程是什么意思？简而言之，就是我们利用器械和信息系统来增强人类原本就拥有的运动功能或感觉，创造出工程学上的"超人"。从古至今，超人都是人类所憧憬的对象，他们有的力大无穷，有的飞天遁地，有的瞬行千里，还有的拥有热视线、透视眼等超能力。

眼下，想要让人类拥有超人的种种能力，还有很长的路要走。不过考虑到如今科技的进化速度，等到 2020 年东京奥运会的时候，人类说不定已经能达到藤子·F. 不二雄的漫画《飞人》[①]里的程度了吧。

光学迷彩：我的研究生涯转折点

在正文开始之前，我想先介绍一个成为我研究生涯转折点的事件，因为我觉得这件事能清晰地揭示本书的定位。从下面这张照片可以看出，我就像变色龙一样融入了环境中，只要穿上外套，就能让自己看上去像是跟周围的环境同化了一般，这就叫"光学迷彩"（optical camouflage）。

身穿光学迷彩服的作者

---

① 《飞人》（パーマン），中文书名选用的是 1990 年 9 月中国科学技术出版社翻译的书名。——译者注

景色穿透运动中的人体显现出来，这一现象真是令人瞠目结舌。光学迷彩被媒体竞相报道，我的演示录像还被发布到了视频分享网站YouTube上。视频在世界各国被反复转载，不知不觉间，累计播放量就超过了数百万次。光学迷彩甚至还被美国《时代》杂志评选为2003年"最佳发明"之一。

光学迷彩的原理是这样的：光学迷彩使用的材料叫作回反射材料（retro-reflective material），通常用于制作道路标识。这种材料能将光线朝着与入射方向完全相同的方向反射回去，因此投影的光线不会发生漫反射。依靠这种材料，再搭配多架投影仪，就能在凹凸不平的屏幕上映出立体影像，也能忽略周围的亮度，将背后的风景清晰地映射出来。有了这些前提条件后，对身穿光学迷彩服的人物背后的风景进行即时摄影，然后通过投影仪，将经过电脑修正的立体影像投影出来，在旁观者眼中，原本不透明的衣服的一部分就变透明了。

从科幻作品中获得启发

为什么说光学迷彩成了我研究生涯的转折点呢？

虽然光学迷彩的研究成果在社会上引起了强烈反响，并成为诸多其他研究的灵感来源，但我却意识到了另一件更重要的事——光学迷彩是我从科幻作品中获得启发后研制出来的。其实，它是我在跟同届的川上直树先生一起研究"回反射投影技术"（即使用回反射材料和投影仪制造无须戴眼镜就能看到 3D 影像的技术）时，不经意间想到漫画《攻壳机动队》的内容而诞生的研究成果。

《攻壳机动队》是科幻作家士郎正宗的代表作，内容涉及从数码领域到量子力学领域的多个学科，充分展现了作者的博学多才。以其为原作，导演押井守制作了动画电影作品《攻壳机动队》，它与大友克洋制作的在北美地区获得广泛好评的动画《阿基拉》一起，奠定了日本动画在全球的重要地位。

《攻壳机动队》一开头描写的，便是主角草薙素子身着热光学迷彩，带着冷酷的微笑融入黑暗，消失得无影无踪。在这部作品中，热光学迷彩被设定成利用特殊的光学技术，让所穿之人的身体能在视觉上与背景融为一体，也就是起到迷彩（camouflage）效果的技术。

以此为线索，我研发了上文照片中能透过身体看到身后景象的光学迷彩。

what 和 how 的作用

这件事令我意识到：娱乐性的科幻作品与科研之间是可以相辅相成的。既然我可以从娱乐性的小说或漫画中获得启发，从而推进科研，那么，就一定有从科研中获得启发，从而创作出虚构作品的情况。

　　1968 年在美国上映的、由斯坦利·库布里克导演的经典电影《2001
太空漫游》，在制作时邀请了 MIT 著名计算机科学家马文·闵斯基
（Marvin Minsky）担任顾问，就是我们熟知的一次成功合作。该作品
中登场的 HAL9000，便是科幻与科研相辅相成的结果，它奠定了日后
AI（artificial intelligence，人工智能）的研究方向，并且成了 AI 形象
的经典原型。MIT 在 1970 年成立人工智能与电脑科学实验室，闵斯基
是创始人之一。我曾于 2005 年作为客座学者在该实验室待过一段时间，
获得了能一边感受科幻与科研相辅相成的活力、一边进行研究的机会。

　　科幻和科研之间，其实有着清晰的界限。我们在观看电影、动画之
类的科幻作品时，如果认为研究者会原模原样地制造出其中出现过的玩
意儿，那绝对是误解。确实，基于某个科幻作品进行研究，从而诞生了
某项技术，这种说法通常会比较容易让一般人理解。即便科研成果与科
幻作品可能在某些方面确实有一些千丝万缕的联系，但在绝大多数情况
下，二者并不存在直接关联。究其原因，科幻作品描述的是"创造出了
什么"（what），却无法揭示"如何实现"（how）。换句话说，如何
实现（how）想要创造的东西（what），才是展现研究者实力的地方。

　　我自己是将《攻壳机动队》里描写的热光学迷彩（what），与一
直以来研究的回反射投影技术（how）联系到了一起，从而获得了启发。
只要将背景的 3D 影像实时投影到身体上，看起来不就像是身体变透
明了吗？

科幻是一门通用语言

对研究者而言，科幻作品能够起到相当大的作用，理由有两点。

其一，对普通人而言，科幻作品相当于一门通俗易懂的语言，能帮助人们理解科研成果；而对研究者而言，它可以作为通用语，帮助研究者之间相互理解对方的研究内容。

除《2001 太空漫游》之外，以 AI 为主题的科幻大作还有 2001 年在美国上映的、由史蒂文·斯皮尔伯格导演的电影《人工智能》。如果这两部作品不曾存在，世界会变成什么样？我想如果那样的话，要让不具备任何相关知识的普通人理解"AI 是怎么一回事"和"这项技术能够实现什么功能"，恐怕将是一件相当困难的事。

开发新技术需要资金投入。正因为人们期待着 AI 技术能在全社会普及，所以这项技术获得了国家和企业的投资。如果人们完全不明白某项技术能用在哪里，那么它想要获得投资就会困难得多。科幻作品能把未来的技术愿景转化成眼见为实的形态，将"what"以通俗易懂的娱乐方式呈现给社会大众，因此是非常重要的。

在科幻作品中出现过的技术和术语等，经常被研究者当作通用语来使用，这或许不怎么为普通人所知。尽管这种通用语不太可能出现在论文或官方场合，但对于隶属于同一间实验室或同一个研究团体的研究者来说，如果聊天时以《星球大战》或《星际迷航》里出现的词语作为例子，他们就能交流得更加省力。

在讨论中每当需要举例的时候，以科幻作品为例来表明"我想做的是这样一个东西"，对方往往能恍然大悟。不仅仅可以用好莱坞电影，在亚洲，用《哆啦 A 梦》中的秘密道具打比方，也比较容易让人明白。

作为连接人与技术以及人与人的语言，科幻作品已经成为一座不可或缺的沟通桥梁。

渴望实现的心情也很重要

科幻作品能够通过展现"创造出了什么"（what）来激励人们，特别是对于像我这样的研究者。

我小时候特别不擅长运动，一直以来都是《哆啦 A 梦》鼓励着孱弱的我。对出生于 1972 年的我而言，大雄是我的同龄人，我总觉得他就是我的分身。我当时痴迷《哆啦 A 梦》的漫画到什么程度呢？我直到小学四年级在每次拉开抽屉时都还忍不住因"哆啦 A 梦还没来"而失望。当年的我可是真心相信，"只要未来科技足够发达，总有一天哆啦 A 梦会通过抽屉来找我的"。

书桌的抽屉一拉开，就变成了"时光机"，这件事凭当今的技术当然不大可能实现。然而，打开门就能抵达任何地方的"任意门"，或许真有实现的可能。人类如何才能实现瞬间移动（how），就像穿过"任意门"那样呢？我将在本书中对此进行详细阐述。

《哆啦 A 梦》里尽是"这个想法真棒啊""要是能做出来就好了"。

想必有不少读者见到秘密道具时，就忍不住想"要是我有这么个东西就好了"。这部漫画里有一种"记忆面包"，可以拓印书本上所写的内容，并让吃下面包的人牢牢记住。而到了现代，只要拥有智能手机，就能在某种意义上实现记忆力的增强。尽管实施方式有差别，不过类似的技术愿景的确正在逐渐变成现实。

《哆啦A梦》的秘密道具对研究者而言也是创意的宝库。即便如今已在大学担任教职，我还是会时不时重温这部作品，并从中不断获得新的灵感。"想把书中的这个给创造出来"的心情，总是能成为促进我进行研究和技术开发的动力。

基于上述理由，我在本书中引用了大量的科幻作品，希望能通过这种通俗易懂的语言，让我的研究和见闻为广大读者所理解。

佩珀尔幻象

其实，光学迷彩还教会了我一件事，那就是要让技术以娱乐的方式存在，这一点非常重要。

光学迷彩这个点子来自我小时候在书中读过的魔术创意。在引田天功[①]主编的《小学馆入门百科系列12：魔术入门》里，曾刊登过一

[①] 引田天功是活跃于日本和北美的著名女魔术师，在美国被称为"天功公主"，其表演的逃生魔术广为人知。——译者注

个所谓的世界大魔术——恶魔使者：化作骷髅的少年。在这个魔术中，被关在舞台箱子里的少年的身体会慢慢化作骷髅。这种现象被称作"佩珀尔幻象"（Pepper's ghost），是一种视觉陷阱。它利用了一种可以看清其明亮的一侧但无法看清其黑暗的一侧的半反射镜，这种镜子也被称作魔术镜。随着照射在少年身上的灯光亮度慢慢降低，观众从变暗的座位一侧就逐渐能看清镜子对面隐藏的骷髅，并因此震惊。

佩珀尔幻象是由英国科学促进会的土木工程师、发明家亨利·德克斯（Henry Dircks）在1858年提出的想法，后经约翰·佩珀（John Pepper）完善。佩珀曾担任英国皇家理工学院的院长。在1862年的圣诞夜，这一装置首次在大众面前展现出来，作为查尔斯·狄更斯（Charles Dickens）作品《着魔的人》的舞台效果道具。就这样，这个从科学之中诞生的成果作为娱乐项目在全世界被表演，即便在150多年之后的今天，它依然被用于东京迪斯尼乐园的"鬼屋"或是演唱会、时装秀的现场演出。

其实，光学迷彩也巧妙地运用了和佩珀尔幻象装置相同的半反射镜，这原本也是作为娱乐而存在的技术。

娱乐业造福社会

借鉴上述原理，我们研究组以实用化为目标进行了一些尝试，成果就是"透明普锐斯"①。目前，汽车市场上已经可以看到视觉辅助的例子——在汽车的后部安装摄像头，倒车入库时将摄像头拍到的画面投影到显示屏上。但透明普锐斯能在汽车倒车时让后座变成透明的，这样一来，司机就能用肉眼观察车尾与墙壁之间的距离及车身四周的状况，就像是在开一辆视野宽广的玻璃汽车一样。

透明普锐斯的原理与光学迷彩一模一样，我们在驾驶座和副驾驶座之间安装了投影仪和半反射镜，在车尾则安装了多个摄像头用于影像捕捉和合成，将影像实时投影到覆盖了回反射材料的后座上。

除了透明普锐斯的例子之外，还有一个可以展示透明影像的技术已经被运用在了医疗领域，当然，它的原理与光学迷彩有一些差异。那就是我所在的研究团队和庆应义塾大学理工学部的杉本麻树、医学部的林田哲等人共同研究制造出的"虚拟切片机"（virtual slicer）。

在手术中，医生往往会遇到需要切除病变部位的情况。要想弄清病变部位的正确范围，医生必须具备相当丰富的经验。林田老师具备高超的手术技术，简直就像手冢治虫的漫画《黑杰克》里的黑杰克。然而他却意识到，自己的技术再怎么高妙，能诊治的患者终究有限，因此，他不能只顾埋头磨炼自己的技术。于是我们合作开发了一种能用易于阅览的方式显示人体剖面图像的设备，它以平板电脑作为终端。医生只要在面前架设一台平板电脑，就能让手术变得容易许多。该设

---

① 普锐斯（PRIUS），丰田汽车的一个型号。——译者注

备提供了这样一种技术：它以降低医生的认知负荷为目的，播放与正在动手术的医生动作相一致的图像。如今，我们正准备将这种虚拟切片机实际运用于手术之中。

一些原本被当作娱乐方式来使用的技术，也能在社会的方方面面发挥作用，这就是我通过光学迷彩技术领悟到的道理。

通过体育运动回馈社会

说到娱乐产业的技术回馈社会，最容易理解的成功事例便是汽车竞速运动——一级方程式赛车（F1）。F1是一项不断投入各种最新技术来获得竞争优势的运动。而后，比赛中使用的技术会用于市售车辆。如此，汽车行业实现了主动悬挂及变速器等汽车技术的升级换代。

于是，我依葫芦画瓢给自己的专业领域起了个名字——"超人体育"。我打算将人类增强工程引入体育比赛之中，然后将其成果回馈社会。为什么要选择体育运动？看看现在的竞技体育就能明白了。在足球、篮球这些球类竞技中，并不会区分运动员的体重差异；但柔道、拳击之类的比赛则一定会限制体重，或者依据体重将参赛者分成不同组别。这是因为，越是强调肢体正面对抗的竞技项目，选手的体重差异就越会直接影响比赛结果。那么，我们能不能借助运动项目来发展某些技术以弥补体重差异，然后将这些成果回馈社会呢？

　　一提到人类增强工程，人们往往倾向于联想到康复或健身，认为这一领域应该探索如何让人获得健康与活力。但是，能给大家提供享受的娱乐项目或方式同样重要。唱歌、跳舞、品尝美食，这些娱乐项目丰富了我们的日常生活，充实了我们的内心，提高了我们的生活质量，是相当重要的产业领域。我自己也深入参与了与娱乐业相关的技术领域的研究，比如，我目前就在和游戏行业的专家共同开展一项研究，我希望以此进一步向大家展示娱乐行业对社会的贡献。

超人体育协会的成立

　　2015 年，我与庆应义塾大学的中村伊知哉先生、东京大学的历本纯一先生共同成立了"超人体育协会"，三人一起担任共同代表。除了我们，还有包括机器人研究专家、运动科学家、运动员及媒体工作者、艺术家在内的 50 余名专家加入了这个协会。

　　值得一提的是，加盟者之中还有游戏设计师，我觉得在游戏的制作过程中发掘出一些诀窍（know-how）是相当重要的。比如，无论是足球中的越位，还是棒球投手区与击球区之间的距离，所有的运动无不是经历了漫长的发展历史、不断调整游戏的平衡性才诞生的，这些运动都很有趣。在创造一项新的运动时，关键在于将游戏的平衡性调整到一种绝妙的状态，既让初学者和精通者都能从中获得乐趣，又让努力的程度直接与胜负相关。如果各行各业的人都像游戏设计师一样参与进来，说不定就能产生更完美的构想。

目前，我们已经展开了数项实践尝试，通过举办"超人体育创意马拉松""超人体育黑客马拉松"等项目，呼吁社会人士、学生及体育运动员参与进来，以收集各种各样的创意，现在已经到了试着制定具体的规则和方法并实际举办竞赛的阶段。

在 2015 年 7 月举行的超人体育黑客马拉松之中，被选为优秀奖的是"泡泡跳跳"（bubble jumper）——相对的两人经过助跑，面对面撞到一起，看谁被撞倒，就是这么简单的一个比赛。比赛时，选手要在上半身套上一种常用于泡泡足球游戏的聚乙烯薄膜材质的气球，避免摔倒时造成伤害，还可以搭配跳跳鞋来完成人体无法单独实现的动作。在我看来，尽管这项运动还存在不少有待改进之处，但它比肢体的直接对抗更为安全和有趣，超人体育的特色已经初现端倪。

可喜可贺的是，超人体育已经获得了《华尔街日报》等世界各大媒体的关注。与超人体育类似的活动，还有由瑞士国家机器人能力研究中心主办的"人机一体大赛"（cybathlon）——残障者借助运用了机器人技术的先进假肢来进行体育比赛。

出于这种考量，我们在超人体育协会成立之初，制定了以下三条原则：

※ 技术不断更新换代，超人体育必须随之进化。

※ 让所有参与者都能获得乐趣。

※ 让所有观战者都能获得乐趣。

我们的目标是创造一种无论男女老幼、无论肢体健全与否都能参与其中的体育比赛。为了这个目标，我们在超人体育的框架内，一直延续这种运用人类增强工程弥补或增强人体能力的模式。通过这种延续，应该可以锤炼出一些技术，让人像超人那样，拥有远超人类极限的能力。而这些经过了千锤百炼的技术必将成为奠基石，在即将迎来超高龄化社会的日本，构筑起一个无论什么人、无论活到多少岁都能持续活跃的社会。

本书构成

说了这么多，简而言之，其实本书就是以人类增强工程为切入点，阐释被超人体育当作理想目标的超级人类到底是什么，以及为何超级人类这一愿景对当今这个时代如此重要，希望能激发读者心中对未来的期待。

第一章概览了人类肢体从弥补到增强的发展历程，探索了肢体与工具、肢体与外部之间的边界到底该怎样划分，揭示了人类增强工程的目标。

第二章介绍了人类的肢体具备哪些职能，并分别探讨了五感等感觉器官的职能和意义。除此之外，本章还解说了 VR（virtual reality，虚拟现实）这种能让人类产生全新的现实感的技术，并借此探讨人类的意识与肢体到底能有多大程度的分离。

第三章通过讨论"机器人应该是怎样的""人类能否演化出'另一具肢体'"等问题，围绕人形机器人的存在意义展开了分析。此外还探讨了人类有没有可能操纵多具肢体，并对所谓的"后肢体社会"展开了充分的想象。

所有章节都尽量引入一些科幻或娱乐作品来避免行文的晦涩，并尽力让读者体会到科研与科幻的相辅相成。其实，我在大学里上课或是在会议上发言时，也都是这种风格。能让大家读得轻松愉快，就是我最大的荣幸了。

另外，我写作本书的目的在于对人类增强工程进行深入浅出的解说，进而以此为契机，引导读者思考自我与肢体的未来。因此，在介绍各种相关研究的时候，为了达到通俗易懂的目的，就难免省略某些说明或对术语的正确定义，这一点还希望大家能够谅解。

目　录

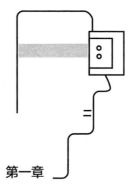

第一章

**人体的概念在不断
拓展**

1

什么是增强肢体？
——从"弥补"到"增强"

选手装着假肢参加奥运会

南非共和国有一名双腿都安装了假肢的短跑运动员，名叫奥斯卡·皮斯托瑞斯。他曾因为傲人的比赛成绩成为这个国家的英雄，但遗憾的是后来因为开枪射杀情人而被判入狱。不过，他留下的纪录依旧辉煌。

2008年，他被禁止借助用碳纤维制造的具备较高驱动力的假肢参加北京奥运会。但随后在2012年的伦敦奥运会上，他成功出现在男子400米跑和男子4×400米接力的赛场上，作为同时参加奥运会与残奥会的选手而闻名世界。

伦敦奥运会男子 400 米跑赛场上的皮斯托瑞斯

近年来，赛场上不乏和皮斯托瑞斯一样，借助假肢创造辉煌纪录的事例。

例如，2015 年 10 月在卡塔尔多哈举行的世界残疾人田径锦标赛的跳远项目中，伦敦残奥会的金牌获得者、德国选手马库斯·雷姆以 8 米 40 的成绩摘得了金牌，将他自己保持的世界纪录提高了 22 厘米。这一纪录甚至远远超过了伦敦奥运会 8 米 20 的 A 标。[①] 这证明，雷姆即便是参加奥运会，也同样拥有一战之力。另外，日本的跳远最高纪录是 1992 年由森长正树所创造的 8 米 25，雷姆已经打破了这一纪录。

① 奥运会对于游泳和田径项目的报名标准分为 A、B 两个等级。每个国家每个项目最多可派 2 名达到 A 标的选手参赛；若某个项目无人达到 A 标，只能达到 B 标，则最多派 1 人参赛；如果连 B 标也达不到，就没有参赛资格。——译者注

目前我们还不知道，雷姆能否获得参加下一届奥运会的资格。[①]从竞技公平的角度而言，把奥运会和残奥会分开是非常有必要的，就跟有些项目得依据性别或体重划分等级是一个道理。但从创建对残疾人和健全人一视同仁的社会需求而言，到底有没有必要把奥运会和残奥会分开呢？这也许就是分歧点所在。如今，也有人正面提出了"希望撤销残奥会"的观点，例如《五体不满足》的作者乙武洋匡。

假肢过长是否不公平?

在竞技中，假肢的长短也可能成为争议的焦点。曾一度天下无敌的假肢运动员皮斯托瑞斯在 2012 年的伦敦残奥会田径男子 200 米（包括小腿截肢在内的 T44 级）决赛场上，被巴西选手阿兰·奥利维拉超越，沦为亚军。赛后，皮斯托瑞斯在采访中批评"奥利维拉的假肢太长了"，这引起了多方的关注。

实际上，国际残疾人奥林匹克委员会对于参赛选手假肢的长短是有规定的。依据当时的指南，参赛选手安装假肢后的身高限制，必须根据其手肘到手腕的长度以及手臂平伸时胸口到指尖的长度这两项数值来计算。根据这项规定，皮斯托瑞斯在安装假肢后的身高限制应为193.5 厘米，比奥利维拉还高出 8 厘米。但从当时的 200 米决赛现场拍

① 2016 年，马库斯·雷姆因为假肢问题并没有参加巴西里约奥运会。——译者注

摄的照片来看，两人的身高几乎一样。这是为什么呢？

　　事实上，皮斯托瑞斯不仅参加了残奥会，还要在奥运会中上场，所以他选择了低于残奥会身高限制的较短的假肢参加比赛。这是因为国际田联对他提出了"在与肢体健全者赛跑时不得利用假肢获得优势"的要求。虽然理论上，皮斯托瑞斯可以在奥运会上使用较短的假肢，而在残奥会上使用较长的假肢。但事实上，操纵不同长度的假肢所需要动用的肌肉并不相同，为此，选手必须提前展开训练才行，想在短时间内做好更换的准备是很困难的。也就是说，皮斯托瑞斯其实是为了参加奥运会而错失了残奥会的金牌。

　　随着假肢技术的进步，奥运会与残奥会之间的界限可能会消失，现状则是委员会不得不频繁地调整比赛规则。等到安装了假肢的选手反而跑得更快、跳得更高的那一天，残奥会"给肢体残疾的人提供竞赛平台"的传统意义将会逐渐淡化。从这一层意义上来说，随着21世纪科技的进步，自1896年在雅典召开的第一届现代奥林匹克运动会，与在第二次世界大战后才召开的残疾人奥林匹克运动会，或许已经完成了它们代表的"现代"使命。

比人类天生的腿脚还快的假肢

　　残疾人田径选手所穿戴的碳纤维制假肢虽不像肌肉那样具备主动

发力机制，但它被设计成了特殊的形状，能借助材质本身所拥有的弹性，产生较大的驱动力。我们最好是把这种假肢想象成与人类的腿脚截然不同的东西。随着技术的进步，这种假肢的驱动力和效率还将进一步提升。特别是在中距离赛跑中，假肢反倒有可能比人类天生的腿脚跑得更快。

与凭借指关节外侧着地进行四肢关节行走（knuckle-walk）的类人猿相比，人类采用了双足直立行走的方式。也正因为如此，人类在移动时的能源效率（energy efficiency）有了大幅度的提升。并且，人类前进的脚步仍未停止，与迈开双腿奔跑相比，显然，骑自行车出行要来得更加轻松。假肢也一样，它凭借技术的进步，逐渐获得了超越人类天生腿脚的能源效率。

以往所谓的手脚假肢，只是一种"假体"（prosthetic），即用人造的产品来弥补肢体残缺部位的形态和功能，以便残疾人能像四肢健全者一样活动。就像是长了蛀牙去看牙医，医生就会给你镶上假牙来恢复牙齿的功能。也就是说，假体的作用仅仅在于尽量弥补缺失的功能。

但是，像皮斯托瑞斯和雷姆那样借助假肢活跃于体坛的例子，展现的却是人类躯体达到的另一个全新境界——人类躯体借助科技得到增强，可能获得比以往更高级的（甚至是前所未有的）肢体功能。从事机器假肢和残奥会专用假肢开发工作的研究者远藤谦甚至提出了一个激进的主张，他认为，应该把残奥会从奥运会里分割出来，以使人们享受到高性能假肢所带来的超越健全人类的动态竞争（dynamic competition）的乐趣。

除了面向运动员的产品，人们在创造飞毛腿方面的尝试可谓百花齐放。不仅有利用碳纤维弹性的产品，还有在鞋子里安装跳跃弹簧的。例如，有一种"仿生鞋"把弹簧设置在了鞋子后方，从而将驱动力转换为向前（而不是向上）弹跳。这种弹簧模仿了鸵鸟和袋鼠的跟腱，据说穿上这种鞋子，奔跑速度可达 40 公里 / 小时。

又如，一位俄罗斯的飞机工程师制造出了一种构思特别有趣的鞋子。这种鞋乍一看就像是在鞋底安装了弹簧的跳跳鞋，但其实里面还有汽油，选择恰当的时机点火，就能获得驱动力。穿上它在俄罗斯的雪地上嗖嗖地跃进，就连旁观者都会跟着开心不已。

科幻作品中的动力服

诸如此类，不仅是为了弥补缺陷，更是为了增强能力而进行研究开发的历史，可以追溯到更久远之前。人类为了拥有超人的能力而进行人类增强研究，大约开始于 20 世纪 60 年代。

动力服（powered suit）是人类增强研究开始的一个契机。动力服这个概念诞生于 1959 年的科幻小说之中，比研究开始的时间还要略早些。美国作家罗伯特·海因莱因（Robert Heinlein）所发表的小说《星河战队》①讲述了一个少年加入地球联邦军，穿着披挂了装甲的动力服与敌人浴血奋战的故事。书中的动力服不仅让人力大无穷，还装备了便携式火焰发射器等热武器，同时具备宇航服的功能。

这部作品成了后世涌现的许多科幻作品中所刻画的各式各样动力服的灵感来源。例如，在美国电影《异形2》的高潮部分，主角驾驶"搬运机器人"（power loader）与异形大战，场面十分震撼，而这一机械装置同样属于动力服。

托马斯·爱迪生在GE（通用电气）公司曾对动力服进行过开发和研究，其成果十分具有代表性。GE在1960年试制的一款产品"哈迪曼"（hardiman）可以算得上是最早的动力服了。据说，它的开发目标是利用液压结构，将人类原本的力量提升25倍，当时似乎还

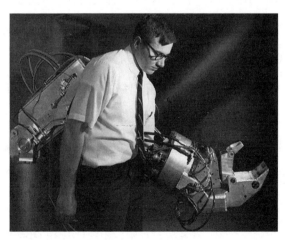

GE研发的hardiman

---

① 此处采用传播较广的电影译名。——译者注

曾有意将它运用到重工业等对力量需求很高的领域中。可惜这种装备的自重过大，使用者就连穿着都很困难，所以还远远达不到实用的要求。

动力服的开发为何迟缓？

在 GE 研制出 hardiman 之后又过了很久，人们借助科技增强人体的愿望才再次高涨。直到近些年，动力服的研发才重新获得人们的关注。这是为什么呢？

人们对动力服的第一个疑虑在于，人类的身体可能根本没法随心所欲地控制它。《新世纪福音战士》中描写了 EVA 失控后的场景，一旦真的出现了动力服失控的情况，单凭个人的力量是绝对没法对付的。（不过，EVA 到底能不能算作增强肢体，才是最具争议的问题。）

例如，汽车厂曾发生过工人被卷入机器而殒命的事故。机械总是会伴随着危险，而人们在操纵动力服时，必须比操纵机器时更靠近它。但是早年进行开发研究的时候还没有小型计算机，只能通过模拟电路控制机械。因此很显然，人们要想开发动力服之类用于增强人体的机械，必须先设置紧急停止按钮，在实验过程中，还要时刻保持小心谨慎才行。否则，动力服就有可能化身为拥有 25 倍人类力量的凶器。动力服本是为了应对危险而开发的，如果穿戴它反倒带来了危险，那真是"赔了夫人又折兵"。在动力服的开发过程中，关键的问题是如何对它进行控制，但按照当年的技术条件，人们很难对"输入"和"输出"进行控制。这大概就是它耗费了那么多年时间才得以实用化的主要原因。

逐渐迈向实用化的动力服

直到最近，动力服才达到了可以投入实用的水平，对人体各个部位实施辅助的产品正在不断涌现出来。

本田技研工业开发的本田步行辅助器，顾名思义，是一种在使用者步行时辅助其行走的设备。这种设备通过设置在马达（motor）内的角度传感器，探测使用者行走时髋关节的动作，而后由控制器启动马达。它类似于能让蹬踩等动作变轻巧的电动车，在使用者即将迈步之时提供辅助。

还有松下子公司 ACTIVE LINK 发布的助力衣 AWN-03[①]，这是一种能在人搬运重物时帮助其腰部屈伸的动力服。它通过位置传感器探知躯体的动作，然后配合人体的动作，启动腰部的马达，从而减轻腰部的负担。这种动力服特别适合人们搬运一些对人力而言太重、但动用叉车或起重机又嫌太小的物体。除此之外，ACTIVE LINK 还开发了

---

① 机型翻译根据松下中国官网的新闻。——译者注

全身型和腿部型等多种动力服，不过这些产品都还没有上市。

在护理这一特殊领域，谷歌推出了一款能防止手抖的电动餐勺liftware。它运用了数码相机的防抖原理，通过让餐勺前端朝着与手指摇晃相反的方向运动，抵消手部的颤抖，避免汤水或饭菜洒出来。这是一款面向老年人及护理市场的产品。据说在美国，这款产品在手脚颤抖的病人当中卖得非常不错。以往，有些病人会因为羞于在人前弄洒食物，而不愿跟别人一起吃饭，但是通过使用这款电动餐勺，他们就能重新享受聚餐的乐趣了。可以说，这款电动餐勺不仅提高了人们就餐的便捷程度，还提高了人们生活的质量。

肌电传感器技术的提高

发源于筑波大学，已经在日本东证创业板上市的初创公司Cyberdyne，开发出了一种机器人套装HAL。在大量患者因病瘫痪而需要辅助的医疗领域，HAL正逐步进入实用阶段。在日本国内，它已经获得了厚生劳动省下发的生产销售许可，可以作为医疗器械生产和销售；在德国等欧洲国家，它也在申请医疗器械的认证。据说，这家公司还计划将HAL应用到护理领域，或是将它作为复健器材来使用。

HAL的关键技术当属肌电传感器（myoelectric sensor），正是它，使得人体向动力服的输入变得流畅。肌电传感器可以用来测量人体肌

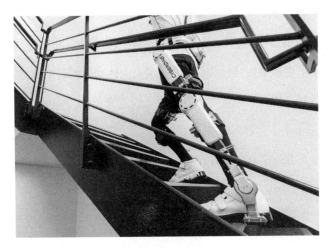

Cyberdyne 的 HAL

肉牵动时所产生的微弱电压，目前，这种传感器的技术及处理所得信号的技术都得到了飞跃性的提升。

过去人们在测量脑电波或心电图的时候，往往需要先在皮肤上涂一层黏糊糊的胶质，然后贴上电极。利用肌肉电刺激锻炼腹肌的机器，以及贴到肩膀上缓解落枕的垫片等，这些都曾流行一时，使用的也基本上都是啫喱状的电极。这样做的目的是把皮肤打湿，稳定地测出肌电流或给组织通电。

不过近些年来，出现了一种叫作"活性电极"（active electrode）的新技术，在此笔者略过详细的说明。简而言之，运用这种技术，即使表面的电阻很高，我们仍能稳定地测得肌电信号、眼电位或脑电波等生物信号。借助这项技术，人们哪怕在实验室之外，也能比较简单地进行生物测量了。这项技术的前提是利用电脑进行信号处理和控制，通过电脑归纳出传感器所收集的信号的特征，对信号进行分类，然后基于数据历史预测后续行为，最终实现对人体动作的自然支撑。所以，电脑的信号处理和控制技术对动力服来说意义重大。

正是由于上述种种技术的相继出现，造就了近年来动力服技术的不断突破，并逐渐获得关注。

电动假手，从弥补转向增强

近几年，随着新的肌电传感器的出现，假手也显示出从弥补到增强的演变趋势。日本的初创公司 exiii 制造的电动假手 handiii 和 HACKberry，就连外观都与以往的假手截然不同。

exiii 的假手 HACKberry

这种电动假手不像传统的弥补型假手那般企图把质感、皱褶和色调等尽量做得与人手相似，而是采用了充满未来感的帅气造型。研究者并没有把佩戴假手当作负面行为，而是把它当作一种类似于眼镜的时尚配饰，以期化腐朽为神奇。如此高明的设计在全世界获得了高度的好评，还赢得了世界权威级工业设计大赛 iF 设计奖的金奖。在日本，它也同样赢得了优良设计奖（good design award）的金奖。

这类新型假手的出现伴随着技术进步的背景。一方面是传感器及信号处理技术的出现，这与 Cyberdyne 开发的产品背景相同。因事故或疾病失去手的人，残肢上往往还是有残留肌肉的。肌电信号和肌肉运动会导致皮肤表面发生变形，通过读取这些变形，就能操纵假手活动了。对于所获得的信号的处理，则得益于智能手机的普及，使得降低硬件成本成了可能。

另一方面则是 3D 打印技术的出现。因为可以选用多种材料，自由输出各种形状，所以使用者能够在尝试不同搭配的同时，改变形状，进行调整，真正实现按需定制。

依靠人力就能动作的人造外骨骼

除了上述产品之外，还有一种别具一格的"人造外骨骼"，无须使用马达或液压等驱动装置，只靠人力就能做动作。

　　这就是日本开发的搭乘型外骨骼 SKELETONICS。它登上了美国的报纸和电视，在全球广获好评。开发这款产品的 SKELETONICS 株式会社，是由冲绳高等专门学校的学生所成立的初创公司，这支队伍曾在日本工业高专之间比拼机器人技术的"高专机器人竞赛"中获胜。他们的外骨骼产品采用了平行四边形的四连杆缩放（pantograph）结构，穿戴之后可将人体的动作放大至 1.5 倍，从而让人能够完成一些原本十分费力的大幅度动作，可以说是现代版的高跷了。SKELETONICS 的外观充满现代感，非常具有视觉冲击性。

SKELETONICS

　　还有一些产品尚处在产学研合作的开发过程之中。广岛大学与 DAIYA 工业共同开发的"不插电动力服"（unplugged powered suit），是一款采用了气动人工肌肉的产品。它利用步行踩踏时地面所产生的反作用力，借助安装在鞋子上的压缩空气，驱动另一只脚上附着的人工肌肉收缩，从而辅助迈步。它的独特之处在于本身无须耗电，而是把步行时的人力转变成气压，支援人体走或跑的动作。

　　还有北海道大学的初创企业 SMART Support 开发的"智能衣"（smart suit）。它可以利用橡胶的张力来支撑腰部的屈伸动作，就像紧身胸衣一样紧贴在腰侧。橡胶的位置和张力经过适当的设计，能够在肢体活动的时候减轻肌肉负荷，据说可以把肢体所承受的负担降至原本的 25%。在梶原一骑的漫画《巨人之星》中出现过一种叫"大联盟魔球修炼器"①的装置，它是利用弹簧增加肢体负荷以达到训练的目的，而"智能衣"则相反。智能衣是一款无须复杂装置，简单而实用的产品。

保持同一姿势也会劳累

　　我认为，这些无须驱动器的人造外骨骼具有非常重要的意义。为什么这么说呢？在做出解释之前，我想先介绍一下《哆啦A梦》里的秘密道具"戈耳工（Gorgon）头像"，它的灵感来自希腊神话里的怪

---

① 用弹簧将手腕、手肘以及肩部绑在一起的上半身束具，必须用力才能伸直手臂。漫画中主角从小日夜穿戴，一旦脱下便臂力惊人。详细图文参见 http://www.anitama.cn/article/fb54988688b-cd443。——译者注

物戈耳工三姐妹中的三妹美杜莎。这个道具外形是一个箱子，打开盖子之后，里面的石像就会放光，被照到的生物会变得像石头一样僵硬，非常可怕。

在这里，我想让大家注意的是，哆啦 A 梦之所以把这个道具拿出来，是因为大雄在教室里惹怒了老师，被赶到走廊上罚站。因为嫌罚站太累，大雄就用戈耳工头像把自己的脚变成了石头，这么一来就不会觉得累了。大雄一脸心满意足。

我觉得，这个办法真是相当聪明。

在日常生活中我们或许不太会意识到，就算只是保持同一个姿势，人体也是会感到疲劳的。但是，这个天经地义的现象却似乎跟我们在学校里学的物理法则相背。根据物理课上学到的势能理论，将姿势保持在同一个位置不动，能量的消耗应当是零。但人体却不同。即便只是保持相同的姿势，也需要消耗能量。因此，如何帮助人维持姿势而减少能量消耗，就变得相当重要了。有研究报告表明，脑神经外科医生甚至经常会使用类似于扶手的托手架来防止手抖。依照这个思路，大雄对于戈耳工头像的使用方法倒可以说是颇为符合工程学。

人在维持肢体姿势的时候需要消耗三磷酸腺苷（adenosine triphosphate，ATP），这种物质是肌肉活动的能量来源。但是，海星或海参等棘皮动物却不一样，每当它们消耗 ATP 的时候，连接骨与骨的关节——叫作"僵固结缔组织"（catch connective tissue）——就会发生改变，将肢体固化，它们就是以这种方式来抑制能量消耗的。

沿袭这个思路，总部在瑞士苏黎世的初创公司 Noonee 制造出了一种"隐形椅"（chairless chair）。只要将它以外骨骼的方式穿戴在脚上，在使用者想要坐下时，它就会像变魔术一样突然显现出来，而在没有运作时，使用者仍然能像平常一样行走和奔跑。由于它的框架采用了铝和碳纤维等轻型材料，所以总重量只有 2 千克，十分轻巧易用。在日本，专门从事模具制造的企业日东（Nitto）与千叶大学等机构合作，同样开发出了可穿戴座椅 Archelis，它也能让人在需要的时候，以类似蹲马步的姿势坐下。据说，这款产品最初的开发目的是减轻医护人员的肢体负担，因为他们往往必须长时间站立工作。无论是隐形椅还是 Archelis，都可以说是把"戈耳工头像"的功能变成了现实。

即便只是像这样利用人造外骨骼来保持某个姿势，也可以算在人类增强工程的学科领域之内，这就是我通过上述事例想要强调的。

改造人与增强肢体的区别

举了这么多例子，让我们重新回顾一下"增强肢体"的定义。我所研究的人类增强工程，是利用科技对人类与生俱来的运动、感知及信息处理等功能在物理或信息方面进行增强的一门学科。因此，增强肢体的意思就是借助科技来增强人体的功能。

　　而"改造人"（cyborg）这个词，表达的概念与它有一些相似之处。说到改造人，石森章太郎有一部著名的漫画《改造人009》，这部漫画的主角在体内嵌入了人造产品来实施功能的强化，就是改造人了。

　　词典里对"改造人"的解释是：源自 cybernetic organism，将动物特别是人类的身体功能的重要部分以电子器材等进行替代。[①]此处的"cybernetic organism"一词，指的是将"维持生命所需的器官"与"对生物或机械实施控制的技术"相融合的产物，cyborg 是其缩写。

　　要对改造人和增强肢体有一个明确的划界确实很难，不过我觉得，可以把增强肢体定义为非入侵式且可脱卸的物品。只要穿戴上，它就属于肢体的一部分，就像我们平常穿的衣服、鞋帽那样。

　　哪怕是原本并非人体部件的人造产品，比如人工器官等，只要被植入人体内，自然也就成了肢体的一部分。不过，因为它们被植入后没法轻易脱卸，所以其功能很难被进一步增强，算不上是增强肢体。

　　只有像动力服那样能轻松脱卸，并且随着科技的进步还能进一步增强的部件，才能被称为增强肢体。在寺泽武一的漫画《哥普拉》中，主角是一名左腕上装着激光枪的宇宙海盗，乍一看像是改造人，但那把激光枪是可以拆下来的，所以这个装置应该属于增强肢体。同理还有《小飞侠》中出场的铁钩船长，他那只断臂上的铁钩也是能够更换的可拆卸式装备。

① 《广辞苑》第6版，岩波书店。中文由译者翻译。——译者注

眼镜算不算增强肢体？

我们已经见识过增强肢体的很多例子了，但是其实像假手、假脚这样作为肢体的弥补类产品，已经有相当久远的历史了。通常认为，人类从公元前就已开始使用假肢了，但是假肢制造的正式产业化还是到近代才开始。到了这个时候，地雷在战争中开始普及，失去手脚的军人数量急剧增加，假肢的必要性高涨，而且制造的技术也有了提升。关于假体工程，塞尔维亚科学家莱克·托莫维奇（Rajko Tomović）的著作《人类对手脚的控制》值得参考。不过遗憾的是，这本书如今只有去古籍书店才能淘到了。

至此，本书已经介绍了近些年来假肢逐渐从假体升华为增强肢体的现状。其实，在我们更熟悉的地方就有这样的例子——眼镜。眼镜是为了矫正视力而诞生的，它使用透镜制成，能够任意脱卸，戴着的时候几乎意识不到它的存在，仿佛化作肢体的一部分。残奥会没有近视组别，因为近视能够通过戴眼镜矫正，它已经成了肢体的特征之一，并不被视为一种残障。

随着制造工艺的进一步提高，眼镜的设计感也获得了增强，甚至被纳入了时尚的范畴，其定位已经从弥补渐渐地转变为增强。现在，眼镜不仅能弥补视力低下的缺陷，还衍生出了能让人显得帅气或可爱的正面效果。也因此，不具备视力矫正功能的平光镜诞生了，就是一个通俗易懂的例证。

此外，隐形眼镜的出现也丰富了人们矫正视力的方式。和框架眼镜一样，隐形眼镜中也有美瞳这类以时尚为目的的产品。又例如衣服、鞋袜，这些物品不仅能保暖或避免粗糙的地面对肢体造成损伤，还能通过加入时尚元素，衍生出额外的功能，所以我们也可以将它们重新定义为增强肢体。

可穿戴式计算机的进化

正如谷歌眼镜那样，眼镜正进一步地与能随身穿戴的电脑，这一信息技术的巨大革新潮流相融合。

可穿戴式计算机最典型的代表，就是苹果公司开发的苹果手表。从这款产品中可以发现，可穿戴设备运用了智能手机的各种传感技术及软件技术。

从增强肢体的角度来看，可穿戴式计算机被定位为智能手机的延展，这是一件耐人寻味的事。究其原因，是智能手机的原型是手机，而手机又能进一步回溯到电话，而电话可以被看作对人类的听力进行的增强。19世纪格拉汉姆·贝尔（Graham Bell）发明的电话将说话声等声音转变为电信号，再将该信号通过电线传送给其他人，并在抵达后又将其转变为声音。因此，电话与辅助听障者的助听器那样的假体的功能并不同，把它定义为增强肢体也未尝不可。

从电话到手机，再从智能手机到可穿戴式计算机，这样的发展趋势我们从肢体增强的角度就能理解了。顺着这个思路，现有的可穿戴式计算机，大部分都具备打电话、发短信之类的交流功能。那么，换个不同的创意，也许更容易从竞争中脱颖而出。

基于人类增强工程的眼镜

可穿戴式计算机向着增强肢体靠拢的趋势目前初现端倪。将眼镜品牌睛姿（JINS）开遍日本全国的株式会社 JIN[①] 所发售的"JINS MEME"，就是一款能监测人的头部及眼球运动的可穿戴设备。这款产品的开发采取了所谓的开放式创新模式，我所在的实验室也承担了

株式会社 JIN 的产品 JINS MEME

---

① 2017 年 4 月更名为株式会社 JINS。——译者注

一部分研发工作。

这款眼镜的功能有，利用加速度传感器或陀螺仪监测身体倾斜角度等运动数据，让人能直观地看到自己是如何行走的；再如利用眼电图传感器（electro-oculographic transducer），了解人的眼球在一天中是如何运动的，眨了多少次眼。人们常形容"眼睛会说话"，的确，只要定点监测眼球的运动情况，就能深入了解自己的身体状态。例如，当我们坐在公司或学校的桌前时，如果视线稳定、不乱瞟，那么注意力肯定很集中；如果视线四处游移，那么精神一定是涣散的。

类似这样帮助人类获取全新自我认知的产品，也可以算得上是通过反馈回路（feedback loop）帮助人类带来改善了。这就好像是通过照镜子，人就能够发现自己没意识到的发型散乱，也能在跳舞等时纠正自己的体态。人们很难确切地知道自己一天走了多少路，但只要随身携带计步器，就能知道大概的步数，还能决定明天的目标，来对自己的运动情况做出调整。这就跟每天记录体重来减肥是一个道理。

可穿戴的下一步——情感式穿戴

从眼镜型可穿戴设备延展，研究人员下一步将要开发的是"情感式穿戴"（affective wear）。Affective 直译成中文就是"与情感、情绪相关的"，也就是说，关键在于我们能否开发出将情感模型化的技术。

我们正在开发的一款情感式穿戴设备，是利用 8 个传感器将镜框与皮肤之间的距离以数据的形式记录下来。预先让人把各种表情都做一遍，从而记录人笑起来或发怒时，镜框与皮肤之间的距离分别是多少。这样一来，只要全天候地记录下戴眼镜的人的相关数值变化，我们就能知道他做出每种表情的频率。这就是设备的原理。

人类会在什么时候开心、发怒、哭泣或欢笑呢？我们如果不照镜子，就没法具体地掌握自己的表情，但借助眼镜型可穿戴设备，或许就能检测出来。如果这一天笑的时间比平时短了许多，戴眼镜的人大概就会想着"我该多笑笑了"。也许，情感式穿戴能够像这样在克服或改善惰性的方面起到作用。

情感式穿戴的概念最早来自 MIT 媒体实验室的罗莎琳德·皮卡德（Rosalind W. Picard）提出的"情感计算"（affective computing），这是一种运用计算科学、心理学及认知心理学等知识来控制人类情绪反应的尝试。我们目前研究的目的，就是希望能将其应用到可穿戴式设备中。

如果能像这样，将可穿戴式计算机作为肢体增强的手段之一来看待，其应用范围也许将会得到极大的拓展。

从弥补到增强

从上述这么多的事例中可以看出，围绕人体展开的技术创新，如今已走到了从弥补转向增强的拐点。这类增强肢体的初衷，或许就包含了人类想要变强、变大的原始愿望。医疗技术的跃进带来了人类平均寿命的延长，于是人类希望弥补身体衰老，甚至增强体魄的需求也变得越来越迫切，这也是时代背景使然吧。这么一想，GE 的 hardiman 出现是在 20 世纪 60 年代，而那恰恰是一个大兴土木、需要强大能量的时期。因此，增强肢体也可以说是一种顺应了社会和时代需求的产物。

可穿戴式计算机的出现对增强肢体而言也是划时代的大事件。增强肢体与互联网带来的信息技术的革新相融合，开启了全新的局面。例如，上文中的眼镜型设备，通过后天获得的"肢体"构成输入和输出的反馈回路，从而诞生了全新的肢体感觉。以往我们不照镜子就不会意识到自己的脸部表情，而现在，这些信息能从"肢体"中直接读取了。如此一来，人们或许能更好地控制以往难以控制的情绪了。

说到这里就出现了一个问题，到底该如何对"工具"与"增强肢体"进行区分呢？为何无论是动力服，还是假肢或眼镜，都被称为增强肢体呢？在下一节，我们就来探讨一下对人类而言，什么程度的只能算工具，什么程度的可以算增强肢体。

2

什么程度算是增强肢体？
——介于大脑和工具之间的存在

橡胶果实的替代品

《航海王》的主角路飞的手臂能够伸缩，他操纵着能自由伸缩的双手一次次击倒敌人，这种畅快正是这部作品的看点之一。虽说我并没有什么资格来推荐，但这确实是一部能让人读得热血沸腾的漫画。

作品中，路飞因为吃了超人系的恶魔果实"橡胶果实"而拥有了特殊的能力。他的手脚和躯体有着像橡胶一样的弹性，这可以说已经超越了增强肢体或改造人的范畴，算是路飞的肢体本身的特性了。

现在，让我们来假设这样一种情况吧：在你面前有一棵结满香蕉的树，你却够不到上面的香蕉，而你从昨天开始就什么也没吃了，已经饿得前胸贴后背，无论如何都要吃到香蕉。那么，你会怎么办呢？

草帽路飞只要"嗖"地把手伸长，摘下香蕉，这一切轻而易举。但可惜的是，当今的现实世界是找不到恶魔果实的，所以你再怎么伸长了手也摘不到香蕉。

该怎么办呢？人类即使没有吃过恶魔果实，不能把手臂像橡皮筋那样拉长，也是能想出摘下香蕉的方法的。答案十分简单，使用工具就可以做到。只要有一根木棍，就能把香蕉给打下来；或者找一把电视购物里经常出现的高枝剪，还能利落地"咔嚓"一下就把香蕉剪下来呢。

人类通过发明工具，一次又一次地战胜了单凭体格无法对抗的猛兽。正如法国哲学家亨利·柏格森（Henri Bergson）所界定的，人类是"能人"（homo faber），也就是劳动的人。人类是一种会有目的地制造工具，进行创造性工作的生物。

智能手机是记录还是记忆？

有时候，我们会觉得这些工具已经变成了自己肢体的一部分。自从出现了智能手机，人们的思考模式就变成了"记住关键词，到时再检索就行"。甚至还因此产生了人类记忆力下降的说法，大概有不少人对此感到心有戚戚吧，恐怕有人连家人或朋友的电话都记不住。至于认为自己能记住的那部分人，还请去问问身边的朋友，你一定会发现，没法毫不迟疑地报出家人电话的人，远比想象中的要多得多。

　　智能手机到底应该属于单纯的记录工具领域，还是属于强化了的人类记忆领域？安迪·克拉克（Andy Clark）在著作《天生的改造人》中就讨论过这个问题，结论是要看你从什么角度去理解。不过，确实曾经有人因为弄丢手机而感到痛不欲生。

　　据英国大众媒体《太阳报》报道，居住在伦敦的一名68岁男性以"我的人生被删除了"为由，向苹果公司提出诉讼，要求赔偿5000英镑。

　　提出这一诉讼的是曾一度非常爱用苹果iPhone 5手机的德里克·怀特。某一天，他的手机屏幕显示"设备故障"，于是他就把手机送去苹果商店维修。没过多久，修好的手机被送还回来了，但他却发现，原来手机里保存的所有数据都消失了，包括新婚旅行所拍摄的照片、视频及通讯录在内的整整15年的数据都消失了。他在接受采访时回答道："这部手机里保存的是我的人生。"在得知数据消失的那一刻，怀特夫妻二人伤心得流下了泪水。

　　在科技不断进步的现代，人们丢失智能手机的痛楚，简直能和记忆被消除相提并论。

弄丢电子设备的痛苦

　　我也曾弄丢过电子设备，切身体会过那种懊恼。

事情发生在我赴美国参加研讨会期间，我把索尼的便携式游戏机PSP（playstation portable）弄丢了，也不知道是不是在从酒店前往会场的路上弄丢的。

弄丢的游戏机价值好几万日元①，这个金额对于已经参加工作的我而言，尚属可以接受的程度。

但比金钱更惨痛的损失在于，我一直在玩的《怪物猎人》游戏的存档也一起丢失了，那里面有不知是玩了100个还是200个小时才攒起来的等级经验，还有好不容易才搞到的武器，这些都不见了。那份心痛该怎么形容呢？真可谓是"竹篮打水一场空"。比起弄丢游戏机本身，反倒是弄丢了游戏存档的痛苦更强烈。我清楚地记得，在发现存档丢失的那一瞬间，我整个人都傻了，好长一段时间不管干什么都提不起劲来。

说到记忆被消除，人们一定会想起由汤姆·克鲁斯（Tom Cruise）主演、斯蒂文·斯皮尔伯格（Steven Spielberg）导演的美国科幻电影《少数派报告》。电影里有一个设定是人脑中的记忆能够被改写。

那么，假如某人的智能手机中混进了一张被处理得惟妙惟肖的虚假照片，你们猜猜他能否十分确定地识破这是张假照片呢？要是最近一两年拍的照片，可能还容易一些，如果是5年前甚至10年前的照片

---

① 折合人民币2000元左右。——译者注

呢？恐怕人的记忆已经十分模糊了吧。凭借一张照片或一段视频，巧妙地改写人类的记忆，很难说今后会不会真有这样的事件发生。

让人觉得手臂被延长了

运用科技，不仅能让人感觉到工具成了人体的一部分，或许还能让人真正有意识地像感受肢体那样去感受工具；即便不能像路飞那样把手臂拉长，或许也能让人感觉手臂像是被拉长了。我想起了下面这个例子。

2008 年，在日本 NTT 国际交流中心举办的"ICC 儿童项目2008'来变身吧'"展览上，展出了一件名为"变长的手臂"的作品。其制作者为幼发拉底（EUPHRATES），是由庆应义塾大学（现东京艺术大学）佐藤雅彦实验室的毕业生组成的创作团体。该团体还因为制作了 NHK 教育频道的节目《毕达哥拉斯开关》而闻名。

"变长的手臂"在桌面下方开了一个洞穴，体验者把手伸进洞里后，投影在桌面上的手臂影像就会不断伸长，看起来像是手臂碰到了放在远处的牛奶盒。更厉害的是，手臂还真的会产生碰到了牛奶盒的触感。这里面的机关解释起来也很简单：在洞穴里比较靠近入口的地方确实放了一盒牛奶，就在手能碰到的范围之内，手臂并没有真的变长。

不过，绝大多数人体验过这个"变长的手臂"后都表示，自己确

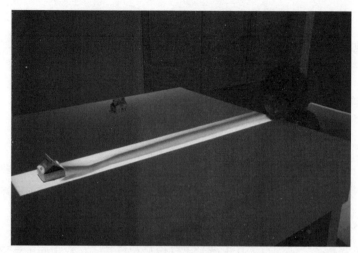

幼发拉底制作的“变长的手臂”

实产生了手臂在变长的错觉。这个作品证实了，一旦将双眼所看到的景象与指尖接触到的感觉相结合，效果会有多么真实。

让手臂变长的影像还有后续。在第一次碰到牛奶盒后，不一会儿，投影中的手臂发生了90度弯曲，又碰到了前方的另一盒牛奶。同理，尽管此时人的手臂并没有真的弯曲起来，但却还是会产生手臂弯曲并碰到了牛奶盒的错觉。这确实是一种不可思议的体验。

工具已成为人体的一部分

对人类而言，“使用工具”这一行为本身，就和使用自己的肢体一样，能够在下意识里完成。为了从生理学的角度对该现象进行解释，理化学研究所脑科学综合研究中心（RIKEN Brain Science Institute）的入来笃史先生进行了一项让日本猕猴使用工具从而研究其脑部活动的实验。

实验中，猴子会利用装有小木片的棍棒来获取手无法拿到的饲料。猴子一开始没法很好地使用工具，但在经过几周的学习之后，就会逐渐掌握工具的用法，成功获得饲料。这项实验正是要记录在这个过程中猴子脑部神经细胞的活动发生了怎样的变化。

在猴子的大脑顶叶中有一种叫作双峰神经元的神经细胞，它会对两种不同的刺激产生反应：肢体的某个特定部位发生了物理接触时，或是有物体接近该特定部位造成视觉刺激时。利用双峰神经元的第二种特性，实验者用激光笔照射猴子的手部和棍子，研究其学习使用工具前后的脑部反应。

在学习使用工具之前，研究者往棍子上照射激光并不会让猴子的双峰神经元发生反应。但在猴子连续几周练习用棍棒获得饲料之后再进行测定，原本只会对手部发生反应的双峰神经元，却开始在光线照到棍棒上时产生了反应——猴子的肢体感觉延展到了棍棒上，而在学习之前，这些棍棒充其量只是工具。更详细的说明可以参见入来先生的著作《使用工具的猴子》。

人类也有类似的脑神经活动，能够对来自不同感觉器官的信息进行整合，这一点已经通过功能性核磁共振造影（functional magnetic resonance imaging，fMRI）将血流的动态反应视觉化而获得了验证。要是把这个实验中的猴子换成人类，也能发生相同的现象，那就意味着人类或许并不仅仅能将使用工具这一行为下意识化，甚至能把工具本身视作自己肢体的一部分。

入来先生将猴子的实验进一步深入，不让猴子看到自己的手，而只让它观看俯拍的自己的手部影像来完成相同的任务。结果发现，哪怕猴子看的不是实际的手而是屏幕里的手，它的双峰神经元依然会发生反应。另外还发现，如果将屏幕上手的影像放大，则反应范围也会相应地增大；而如果影像中是手拿工具的状态，把手通过数码处理擦除掉而只留下工具，就可以发现，双峰神经元发生反应的范围并不是手，而是工具周围。

这一实验现象令我们明白了这样一件事：电脑屏幕上移动的光标，或许应该涵盖在人类的肢体形象之内。

哪个光标是真，哪个光标是假？

明治大学的渡边惠太在网站上发表的"可视触觉"（visual haptics）[1]，正是一个令光标具备了独特的肢体感觉的实验。光标移动

---

[1] http://www.persistent.org/VisualHapticsWeb.html。——作者注

到胶带的图片上，就会被粘住，很难动弹；而移动到水或蜂蜜的图片上，则会晃晃悠悠，发生迟滞。大家务必亲自登录网站，用鼠标或触碰板试试看，在演示中，身体能获得正随着图片上的光标移动的肢体感觉。

我与渡边等人将光标的移动划分到肢体增强的领域内，共同展开了一项新的研究。研究名为"光标迷彩"（cursor camouflage），其原理是在屏幕上显示大量的虚假光标，让别人搞不清你到底点击了哪里。

黑客犯罪里有一招是从背后偷窥，站在别人身后偷看他人的键盘和屏幕。利用这一手法，就可以偷到他人的 ID 和密码等重要情报，如 ATM 取款时的密码、信用卡支付时的密码或是在网银软键盘上输入的内容等，这些都经常成为背后偷窥的目标。尽管这一手法很原始，但预防的手段却只有一个——尽量小心不要被人看到。

不过，一旦打开这个光标迷彩，电脑屏幕上便会出现密密麻麻的

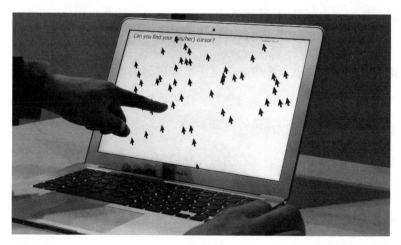

光标迷彩

虚假光标。即便有人偷看，也会因为光标太多，搞不清使用者到底在移动哪一个。

那么，为什么移动光标的使用者本人却清楚自己正在用的是哪一个光标呢？这便是关键所在了。其实，我们只要实际移动一下鼠标就能知道。就像移动自己的手会产生明确的操纵感一样，移动鼠标时，人们也会产生是自己在操纵的感觉。如果各位曾经去棒球场或其他运动场现场观看比赛，恰好大屏幕上播放了观众席的画面，这时，有人就会拼命挥手来寻找自己的身影。我们对于自己在做的动作总会有一种直觉，只要一看到做着相同动作的自己的轮廓，立刻就能反应过来。这是因为人类具备一种用于感知自身肢体所处姿势的感觉，被称为深部感觉（又称本体感觉，deep sensation）。

或许，研究人员真的能开发出一款来自人类肢体运动的全新安保系统。目前的电脑加密算法利用的是计算量的非对称性。也就是说，对某个数字进行质因数分解（prime factorization）通常伴随着庞大的运算，这就大大增加了电脑破解密码的难度。但反过来，验算分解的因数是否正确却很容易，所以电脑一下子就能判断出密码是否吻合。光标迷彩的尝试与此类似，它巧妙地利用了人类肢体领域的认知非对称性。即便在大量光标同时活动的情况下，移动光标的使用者本人也能凭借自己的肢体感觉，立刻明白其中哪个才是自己的光标。而其他人想要识破操作鼠标的人移动的是哪一个，是十分困难的事情。

用思考来操作

在探索将工具肢体化的领域，曾有一个在老鼠身上做过的重要实验，这个实验十分耐人寻味。该实验是 1999 年由美国纽约州立大学的约翰·查宾（John Chapin）教授等人完成的。

研究人员利用只要按下开关就会出水的机械臂，构建起了这样一个实验流程：首先，训练老鼠学会用脚踩开关喝水；接着，检测老鼠踩下开关前的那个瞬间所激发的脑部神经细胞；然后，改装机械臂，让它根据该神经细胞激发时所发出的脑电信号来启动出水。

结果发生了什么呢？起初，老鼠还是用脚踩开关喝水，但后来它终于意识到，不用动脚，只要在脑子里想一想，机械臂就会启动。

在通过读取脑电信号让人脑（思考）与机械进行直接信息传递的脑机交互界面（brain-computer interface）研究领域中，这个实验非常著名，曾获得相关人员的高度关注。大家由此想象了这样一个未来——靠念力就能移动物体的恍如意念（psychokinesis）世界，就如横山光辉在漫画《巴比伦 2 世》中描绘的那样。

自从这个实验之后，众多脑机交互界面的研究在全世界如火如荼地开展，让猴子仅靠意念之力启动机械臂或移动光标之类的研究陆续取得成功。这些研究的实验结果表明，人类的肢体意象（body image）是能发生变化的。

话说回来，自己的肢体位于何处、能够移动多大的幅度等基于体感（somatosensory sensation）的人类肢体意象，原本就是会随着年龄的变化而产生变化。我们经常发现原本瘦瘦小小的孩子几年后再见，不光长高了一大截，体重也增加了。倘若有人在短短几年间长高 10 厘米，那么他的肢体意象肯定会随着成长后的身高和体重发生变化。而随着人年龄的增加，身体机能会逐渐衰竭，相应的肢体意象自然也会与儿时所具有的大相径庭。

也就是说，生物的神经具备随着外界刺激而发生改变的可塑性。正因为如此，大脑才有可能生成全新的肢体意象。通过上述实验，人们得以发现在获得新的肢体之后自由地发挥其功能的可能性。

动作可否通过语言表达？

"猫耳"是一种将脑机交互界面的创意与娱乐相结合的产物。人只要带上模仿猫耳形状的头盔，就能通过安装在额角的电极，读取脑电信号，并据此来和他人进行交流，真是一款独特的产品。它还有一个绝妙的创意，那就是它并不是让猫耳随主人意志而动，而是随"心"而动，将连本人都无意识的动作当作交流的契机。该产品在 2011 年被美国《时代》杂志评选为"世界 50 个最佳发明"之一，在全世界掀起热议。

仅仅依靠"思考"就能移动物品，这款产品确实充满了未来的科幻感，令人觉得十分帅气，因此，这类产品多半能收获称赞。但是，这真的就是最佳的交互界面么？我认为在做出这样的判断之前，还要经过冷静的思考。

由克林特·伊斯特伍德（Clint Eastwood）自导自演、于1982年上映的美国电影《火狐》，是一部以美国和苏联冷战为背景的作品。电影前半段讲述了间谍活动，后半段则展现了战斗机空战的动作场景。剧情基于一则声称苏联开发出了高性能新型战斗机"火狐"的情报展开，伊斯特伍德饰演的主角必须潜入敌人的秘密基地将战斗机偷出来。

这种新型"火狐"战斗机的操作方式正是运用了脑机交互界面技术而对机器加以控制，操作只能匹配俄语。因此，主角的人物设定就是一名精通俄语的美国飞行员。

如今再来回顾电影的这个设定，我认为，它敏锐地捕捉到了脑机交互界面所面临的问题的本质，也就是行为在多大程度上能用语言来表达。无论身处哪种文化背景，人都能分辨左右，但一个美国人在想到"右手拿起杯子喝水"时，与一个亚洲人产生同样的想法时，到底激发的是不是相同的脑神经呢？《新世纪福音战士》里就有类似的一幕，明日香在启动2号机之前，把原来的日语模式切换成了德语模式。可我觉得语言是存在文化差异的，相同的想法不一定就会激发相同的脑神经。

受到肢体束缚的大脑

脑电波也是如此，采用不同测量方法所能达到的使用潜力是有区别的。在老鼠和猴子的实验之中，通过在头盖骨上钻孔从而将电极直接贴到脑部，实验者的测量能达到非常精细的程度。但像猫耳那样仅仅只是在头部表面贴传感器，恐怕只能测量到有限区域内的肌电图、眼电图及脑电波混杂的生物信号而已。在这种情况下，这款产品充其量只能把测量到的信号传送给电子设备进行机器学习，然后根据信号数值推测使用者的状况。

归根结底，我们的思考活动本身就处于肢体的管辖之下，绕口令就是一个极好的例子。不用出声，你能不能在脑海中把绕口令说快10倍？答案是绝不可能。我们的思考速度本身，其实也是受到肢体方面的制约的。

再举些其他例子，以便读者更好地理解来自肢体的制约。在锻炼大脑的训练，也就是所谓的"脑训练"之中，有一项被称作心理旋转（mental rotation）的任务：给出一个类似在电子游戏"俄罗斯方块"中出现的二维或三维形状，让受训者从多幅图片中选出一致的形状，同时测量从问题提出到找出正确答案为止的时间。

结果，物体的朝向与正确答案相比越接近反转180°，找到正确答案所需的时间就越长。人类在脑海中旋转物体的角速度是有限的。如果把问题换成像是游戏"大家来找茬"那样，把物体双双并排来找出位置的错位等区别之处，那么答案是一目了然的；可一旦变成形状的角度错位，那么根据角度的不同，找到答案需要花费的时间也不同。

这个例子告诉我们，哪怕真到了使用脑机交互界面的那一天，人类能否像科幻作品里那样实现超越思维的操作，还很成问题。因为大脑与肢体之间的联系就是这么牢固。

如此想来，倘若某天有一个孩子——我们可以称他为"增强肢体土著"——从出生的那一刻起，就开始使用能力远超血肉之躯的增强肢体，说不定脑机交互界面就会发展到一个全新的阶段了。

导航时前进的方向为上

心理旋转的角速度是有限的，这一发现如今有了出人意料的用武之地，那就是应用在开发手机地图导航上。绝大多数手机地图导航都把人或车前进的方向设为向上。这是因为，让人在脑海中旋转地图，既增加负担，又浪费时间，人不太可能在脑中瞬间改变地图的角度。

在这方面，我也曾遇到过一个类似的令我情不自禁地想要搞清楚原因的场景，那是我作为研究团队的成员在医院参观内窥镜手术时的事。内窥镜手术需要先在患者肚皮上开一个小孔，插入摄像头，然后根据摄像头拍到的画面探入棍子，同时进行手术。

而我好奇的问题就在于医生该从什么位置看向显示器。手术台旁边就设有显示器，这跟手机导航的思路相同，显示器必须能拉到医生的眼前，让医生在看显示器的时候视线是上下移动的，为此哪怕位置多少有些偏差也没关系。这是因为如果存在角度错位，医生看显示器时的认知负担就将大大增加。

如果把这类手术进行不顺利的原因归咎为手术技术不到位、医生练习得不够，于是鼓励医生多加练习，那可就本末倒置了。这种情况下最重要的是降低医生的认知负担，以便其把注意力更多地集中到手术上。确实，多进行练习是有可能缩短反应时间，但这会增加医生的认知负担，很可能延误判断的时机。在必须尽快判断的手术当中，些许的延误就有可能危及患者的生命。如此一来，调整自己看显示器的角度，显然是更为简单的解决方案。

该理论现在已经被运用在新产品的开发中。据悉，美国直观外科手术公司（Intuitive Surgical Corporation）所开发的手术机器人"达·芬奇"，能够将内窥镜的位置及机器人所夹持的手术器材的位置精确地映射到身为操作者的医生的眼前，由此便能减轻医生进行心理旋转的负担，让他们得以全神贯注地投入手术。

"聪明的汉斯"真的懂算术？

那么，该如何对增强肢体进行控制和操作呢？要创建这样的机制，我们甚至都不用像脑机交互界面那样去测定脑部的活动。我们的肢体时刻都在以不经意的方式传递出各式各样的信息，读取这些信息并将之运用于操作和控制，效率反倒会更高，而且同样能完成复杂的动作。

接下来就让我介绍几个例子来让读者明白，肢体能够传达的信息量有多么丰富吧。

19世纪末，德国出现了一匹被称作"聪明的汉斯"（Clever Hans）的马，这匹马因为能解答简单的四则运算而声名大噪。汉斯可以通过马蹄叩击地面的次数来回答主人提出的简单数学题。

当初，大家对于汉斯会做算术是深信不疑的，但后来其中的花招被心理学家奥斯卡·芬斯特（Oskar Pfungst）等人揭露了。汉斯确实很聪明，不过它的天才之处并不在计算能力，而在解读主人的肢体语言。当叩击马蹄达到某个次数时，汉斯能敏锐地感知到主人和观众无意识间所流露出的表情和动作的变化，并据此停下叩击。由此可见，人类的肢体所透露的信息是非常丰富的。

俗话说"人无完人"，即便是看起来没什么特别喜好的人，也难免有些小习惯。我们的感情或思想，都会在无意识之间透过肢体动作流露出来。

再介绍一个例子吧。昔日作为投手活跃于棒球小联盟、如今在庆应义塾大学从事运动科学研究的加藤贵昭曾经造访我的实验室。他来的目的是想要搞清楚，为什么经验丰富的击球员能够根据球路判断球种，为此，他希望将投手"透明化"。通过把投手变透明，避免击球员看到投手的投球姿势，如此便可分辨出击球员到底是根据球路还是根据投球姿势来判断球种了。

我们实现了这个实验。首先在击球区设置摄像机拍摄投球的视频，然后让击球员分别观看能看见投手的影像和投手透明无法被看见的影像，而后记录击球员分别能判断出多少球种。结果不出所料，只要能看见投手的投球姿势，击球员判断出球种的概率就会高很多。这个实验揭示了击球员会下意识地观察投手投球动作的微妙区别，而不是去观察球。

利用肢体而不是大脑进行操作的优点

以往也不是没有过像这样利用无意识的肢体动作来预测行动的实验构思。

大阪大学的前田太郎曾利用传感器，将猜拳出手时手腕及肘关节的信息数值化，由电脑进行学习，从而实现了在别人出手之前就能猜中他要出的是石头、剪刀还是布，正确率高达85%～95%。

德国的梅赛德斯－奔驰公司发现，有不少司机因为疲劳而导致感知能力衰退、反应变慢，因而引发交通事故，于是公司展开了如何能在事故前发现司机疲劳征兆的研究。起初，研究者想借助脑机交互界面来判断司机的困意和疲惫，但在实验中却发现，只需要解析方向盘操作及其他的一些驾驶动作，研究者就能推测出司机的状态。于是，研究人员将该原理实用化，诞生了"注意力辅助系统"（attention assist）技术。

　　我们的肢体就像一台能把大脑发出的微弱信号进行增强的高性能机器。脑机交互界面确实是重要的研究方向，但却不一定是最优方案。我们的肢体当中还存在着大量的微小信号，比如从眼球上检测到的眼电图或是从肌肉中检测到的肌电图，利用它们进行操作和控制，反倒会更简便，作为功能命令的交互界面也将更有效率。

　　我还进行了把肢体当作交互界面用于操纵物品的实验。最近我正在开发的是一个叫作"SenSkin"的小工具，只要把一对安装有反射型传感器的腕带套到前臂上，就能把自己的手臂变成"触摸屏"，进而通过触摸手臂来操纵智能手机等电子设备。SenSkin 所测定的是手指或手掌在触摸手臂时的反射率。因为智能手表之类的电子设备屏幕太小、操作不便，针对这种情况，我们就进行了 SenSkin 这样把人类手臂本身作为交互界面的尝试。

　　SenSkin 最大的特点是不用注视画面就能完成操作。触摸屏本身是一种通过触摸画面来操作的交互界面，但如果这个画面是自己的皮肤，那么，不光指尖能感受到所触摸的皮肤，被触摸的皮肤本身也能感受到手指的位置。肢体的表面变成了一个触摸屏，随之而来的优点就是将触觉刺激增加为两处，从而确保操作正确，消除眼睛的认知负担。

　　这不仅限于眼电图或肌电图，像这样利用体表触觉进行操作的界面，一定还会不断涌现。

工具的肢体化

说到这里就产生了一个问题，到底哪些东西算是工具，哪些算是增强肢体呢？从结论而言，人类惯用的工具正在不断被肢体化。一旦人在操纵某个工具时，能像操纵自己的肢体一样随心所欲，那么它对于人类的大脑而言，就成了肢体的一部分。

与此同时，正如脑机交互界面的语言表达和绕口令的例子所表明的，人类要拥有足以超越原本肢体感觉的增强肢体，或许是很难的。大脑与肢体之间的联系相当牢固，正因为如此，陆续诞生的增强肢体都不约而同地定位在目前肢体感觉的延展上。

话说回来，本节的主题——工具，和增强肢体一样，当然都处于人类肢体的外部，由此产生了"什么才能算增强肢体"的疑问。那么，如今人类以为是自身肢体的东西，就真的属于人体吗？从常识来说，没有人会分不清哪个是自身的肢体，哪个不是。当被问到"哪个是你的身体"时，无论谁都会毫不迟疑地指向自己。然而读过下一节之后，或许你对这个问题就再也无法如此确信了。下一节的主题正是"什么范围属于肢体"。

3

什么范围属于肢体？
——探索肢体的模糊边界

透过反转眼镜看世界

反转眼镜这个小道具，能够让我们感知到平时完全没有意识到的肢体的效用。这种眼镜里镶嵌的不是透镜，而是三棱镜。顾名思义，戴上它之后看到的世界是上下反转的：天花板在下，地板在上。

这种反转眼镜在心理学界可是赫赫有名，它最早出现于美国知觉心理学家斯特拉敦（G. M. Stratton）开展的一系列实验中。

人刚戴上这种反转眼镜的时候，什么事情也做不了，无论是走路还是上下楼梯，都会陷入类似失重的状态。头晕眼花，更别提读书或吃饭了，做任何事都障碍重重。不过，人闭上眼倒还能写字，使用电脑时也可以用键盘盲打输入。

这表明，我们的视觉与触觉和肢体之间具备强有力的联系。反转眼镜作为一种颇为有效的实验工具，通过彻底切断视觉与体感之间的联系使我们意识到，日常生活中我们对肢体的使用其实并没有自己以为的那么顺理成章。因此，一些认知科学和认知心理学的有志之士为了进一步的研究，决定戴着它生活一两周。

虽然适应的具体时间因人而异，但经过一两周之后，所有人都习惯了反转眼镜，甚至有人能够戴着它骑自行车或是玩抛接球。

橡胶手所感知的痛楚

还有一个类似的能让人感知到肢体效用的著名心理学实验，其中用到了在 V.S. 拉马钱德兰（V.S. Ramachandran）的《脑中魅影》一书中出现的"橡胶手错觉"（Rubber Hand Illusion）。

该实验的过程如下：首先，让受试把手放到他无法直接看见的某处，然后在他看得到的地方摆放一个和真手一模一样的橡胶手。接下来就到了关键的一步，让受试注视橡胶手，并用刷子同时扫过橡胶手与受试真手的同一个位置，也就是在视觉和触觉两方面同时给予刺激。

"橡胶手错觉"有许多不同的版本，其中一个版本是在几分钟的时间里用刷子轻扫橡胶手和真手，过一会儿请受试闭上双眼，回答"哪只是你的手"，结果有很多人会指向橡胶手。这个实验极具启发性，或许是在不知不觉间，自己对真手的感知就被转移到模型手上了。

在另一个实验版本当中，按照同样的流程用刷子分别轻扫橡胶手和真手数分钟，之后突然用锤子敲打橡胶手，结果绝大多数人都会被吓一跳，以为是自己的手被敲中了，不由自主地把手缩回。

拉马钱德兰是一位大脑科学家和神经科学家，他的这个实验是为了解析所谓的"幻肢"现象，也就是因事故或疾病而失去手脚的人仍能感知到已经不存在的手脚。这类患者还能感受到相关部位发生的剧烈疼痛，这被称作幻肢痛。如何治疗这种幻肢痛是一个大难题，因为痛楚位于不存在的肢体部位，麻醉药和止痛药都不起作用。幻肢痛的存在或许恰恰表明，物理性疼痛与肢体所感受到的疼痛是截然不同的。

幻肢痛的治疗方法是让人先意识到自己的手脚依然存在，之后再慢慢去习惯。使用镜箱，把患者失去手脚的位置隐藏在箱中，同时让镜子映照出另一侧的正常手脚。对这只手或脚施加刺激，就能让人从视觉和触觉的双重层面认为失去的手脚依然存在。如此，大脑就能切实地感知到幻肢，人就能从不稳定的状态之中找回稳定。

肢体的模糊边界

到了近些年，又渐渐出现了不需要借助橡胶手这样的实体也能让人以为自身肢体存在于某处的应用实验版本。这属于橡胶手错觉的进化版本，被称为"无形之手错觉"（Invisible Hand Illusion）。

实验步骤跟上一节所述的橡胶手错觉相同，唯一的区别在于不需要放置一个仿真的橡胶手，而是假装那里有一只透明的手，并用刷子做出轻扫的动作。在旁观者眼中，这也许是个很奇妙的实验。

结果如何呢？果不其然，实验结果显示，人的肢体意象转移到了那只透明的手上。由此可见，人甚至不再需要类似于橡胶手那样的视觉刺激，只要想一想就能发生肢体意象的转移。这个实验令我们切身体会到，人类的肢体意象竟然可以如此轻易地发生改变。

既然如此，要划定自身的肢体到底涵盖了多大范围，这个边界就将变得极其模糊。一般人都觉得，自身的肢体就是属于自己的东西，但事实当真如此吗？

例如，有一种"鬼压床"的现象，指的是人在睡眠中意识保持清醒，但身体却无法动弹的状态。这种现象与文化无关，在世界各国都会发生。在欧美地区，还有人把它当作恶魔的"杰作"。

据说，"鬼压床"现象都发生在REM睡眠阶段，即处于睡眠之中，但大脑依然活跃地在做梦。REM是指rapid eye moveme，代表眼球处于快速活动的状态，肢体则处于松弛休息的状态，大脑却处于活跃觉醒的状态，这个阶段就叫作REM睡眠阶段。体验过"鬼压床"的人肯定能理解，这时候不就产生了自己的肢体不听使唤的感觉么？这时，人陷入了一种大脑与肢体之间的连接被切断的状态，即使有意愿想要活动肢体，身体也动不了。因此，"鬼压床"也被称作"睡眠麻痹"，此时人的确是处于麻痹状态。

同样，人在长时间跪坐之后腿脚会发麻，即使被碰到也完全没感觉，简直就像不是自己的一样。这种时候的感觉，就是所谓的"身不由己"。

自身肢体最多延时 0.2 秒

究竟在什么范围内属于自己的肢体？有一项从"时间"的角度探索肢体边界的有趣研究，它采用了"挠痒痒"的方法。

肯定有不少人在小时候玩过相互在脚板心或胳肢窝挠痒痒的游戏。挠痒痒的有趣之处在于，自己挠自己就一点儿都不会觉得痒，被自己挠和被别人挠时的反应是完全不同的。那么，我们能不能以痒或不痒来区分自身与他人呢？英国的认知神经科学家萨拉-杰恩·布莱克莫尔（Sarah-Jayne Blakemore）进行了一项颇有意思的实验。

实验所招募的受试是在确保自己挠自己不会发笑的基础上，被他人挠则会想笑的人。实验中既不用自己，也不用其他人，而是用机器人来挠痒痒。受试握住摇杆摇动，机器人的机械臂上安装的刷子就会挠受试的痒。实验的开头先让别人控制摇杆，在确认受试的确会感到痒之后，实验就正式开始了。

受试握住摇杆摇动，亲自让机械臂上的刷子动起来。不过接下来才是这项实验的关键——在摇动摇杆的输入与机械臂的输出之间，加上了一个微小的时间差（延时）。

结果表明，在延时为零的时候并不会感到痒的人，当延时超过 0.2 秒之后，就会开始感觉到痒了。也就是说，哪怕肢体确实是由自己操控的，一旦被引入微小的时间延迟，也会变得"不再属于自己"。通过这个实验，我们认识到，人类感知自身肢体的边界不光存在于空间上，还有可能存在于时间上。

这项实验还有后续：如果将机械臂上的刷子的摆动角度从竖直方向一点点偏离开来，那么偏离越接近直角（90°），受试就会越痒。这表明，除了时间范围，角度的错位也会让人感觉自己的肢体像是成了别人的。

补充一下，在上文介绍过的光标迷彩中同样发现，如果在移动鼠标时给光标的移动加上延时，一旦超过 0.2 秒，要找到自己的光标就会变得很困难了。

重大发明"言立停"

上述实验表明，身体不但在空间上有边界范围，而且在时间上也拥有 0.2 秒的边界范围。并且我们还确认了这样一点，这一认知对于"声

言立停

音"也同样适用。

　　颁发给充满幽默的科学研究的"搞笑诺贝尔奖"（Ig Nobel Prizes），曾颁奖给一个名叫"言立停"（Speech Jammer）的作品。它是一种能让话痨闭嘴的装置，名称取自含有妨碍之意的英语"jam"。一旦被这个言立停瞄准，就会无法流畅地说话。

　　它的原理是：利用麦克风拾取对方说话的声音，然后给这个声音加上微小的延时，并利用能朝特定方向发声的指向性扩音器，将声音送回给说话者，而这个延时的秒数约为 0.2 秒。言立停的扩音器所发出的声音能传到大约 30 米开外。实际尝试后就能发现，它确实会让人说不出话来，真是太奇妙了。据说世界上还有不少人交口称赞道："这下子总算能让聒噪的家伙闭嘴了！"

为什么当声音被延迟送回，就会导致自己难以开口呢？我认为，这是因为在进行发声这一运动输出时，执行的并不只有输出这一项工作，还包括大脑运用耳朵实际听见的自己所发出的声音。言立停人为地延迟了这一反馈，从而导致大脑的处理产生了某些异常，结果就使人没法流畅地说话了。这便是"延缓听觉反馈"（Delayed Auditory Feedback）假说。

言立停的开发者栗原一贵先生（津田塾大学）和塚田浩二先生（公立函馆未来大学）围绕其原理，撰写了名为《利用延缓听觉反馈妨碍发声的应用系统》的论文。感兴趣的人可以去看一看，应该是挺好玩儿的。

用手机接电话时，为何会不由自主地越说越大声？

用手机接电话时，人常常会不由自主地越说越大声，其原因同样在于发声时从听觉系统接收到的反馈。在面对面交谈时，如果对方距离太远、周围又很吵，我们就会下意识地增大自己的声音，这就是听觉与音量之间的反馈。如果打电话时对方的声音太小，我们就很可能忽略周围的状况，条件反射地大声喊起话来。最近的手机已经实现了根据周围环境的分贝数自动调节音量的功能。

其实，最早受到因声音延迟而难以说话的影响的是国际电话，因距离遥远而产生的微妙时间延迟总是令对话难以流畅进行。为此，针对国际电话专门开发了一种"回音消除"（echo cancelling）技术。直到今天，回音消除依然是在线会议系统无法缺失的一项功能。

如此看来，声音似乎也可以被当作我们肢体的一部分。发声是需要使用肢体的，但平时我们在生活中很少会意识到这一点。从这个角度而言，言立停当真是一种了不起的装置，它提醒了我们，声音同样根植于我们的肢体特性。

让我们来回顾一下：自身与他人的肢体边界涵盖了一定的时间维度，其范围大约是 0.2 秒。按照这个思路，有些人相信"山彦"或"木灵"[①]并非单纯的回声，而是山林之神对声音的模仿，这种充满他者性（otherness）的想法也就可以被理解了。例如，考虑到声音发出后的往返距离，我们需要超过 0.2 秒才能接收到三四米开外的墙壁所反射的回声，这个距离所产生的回声已经超过了自身与他人之间边界的 0.2 秒壁障。

每当我从电视或广播里看到或听到自己说话，总觉得那跟自己习惯了的声音不一样，因此很不喜欢。延迟听到的声音或许就与这种感觉类似吧？它不像是由自己的肢体所发出的，而像是别人的东西。

---

① 山彦是日本传说中的山神、精灵及妖怪，而山谷中的回声现象则被认为是由山彦引起的，因此就被直接称呼为山彦。同理，寄宿在树木里的精灵（木灵）也会回应人声，亦被称作木灵。摘自维基百科。——译者注

你的就是我的

那么，自己与他人之间的肢体边界到底该划分于何处？有研究分析了这个问题。继入来先生的工具肢体化研究之后，同样隶属于理化学研究所的藤井直敬先生进行了下面这个研究。

藤井的研究使用了两只猴子，给猴子准备了可以在一定范围内自由活动的环境，然后记录特定条件下猴子的活动情况，考察其与大脑活动之间的相关性，这项研究的目的在于研究大脑的社会性功能。

实验方法是，首先让两只猴子面对面坐下，在它们伸手就能触到的地方放一个苹果作为诱饵，于是两只猴子就会围绕苹果发起争执。研究人员从而得以观察它们之间的争夺威慑，并在多次反复之后结成上位与下位关系的过程。根据藤井介绍，两只猴子之间的上下位关系大约两三天就能确定。

接下来以类似的方法继续使用这两只猴子进行试验，看看它们在结成了社会关系之后的肢体意象与未结成时是否存在变化。首先，让两只猴子面对面坐下，处于能相互看见对方面部的状态。此时因为两只猴子之间的距离很远，所以它们之间并不存在竞争关系。这时，猴子的神经细胞只对自己的右手产生反应，而对自己的左手以及对面坐着的猴子都没反应。

接下来拉近两只猴子之间的距离，看看它们相互之间结成竞争关系之后会有什么变化。结果发现，由于构建起了社会关系，猴子的神经细胞对自己的左手及对方的手动作也开始产生反应。也就是说，原本只会对自身肢体产生反应的神经细胞，因为具备社会性联系的他人的存在，导致性质发生了变化。由于建立起了社会联系，猴子所拥有的肢体意象拓展成了将他人也包含在内的社会性空间。

这就像《哆啦A梦》里的胖虎对大雄放下的豪言："你的就是我的，我的还是我的。"这句话或许真的没说错。社会联系导致各人肢体所覆盖的领域相互重叠、相互竞争，肢体意象就产生了上下关系。如此一来，说不定就会产生一种自己所拥有的东西其实属于对方的错觉。这可真是一个有趣的发现，能让研究者产生种种遐想。

肢体意象会根据识别出的社会性强弱关系而发生改变。这一项研究大脑的社会性功能的实验，被详细写入了藤井直敬先生所著的《脑脑相连》一书，感兴趣的读者可以去读一读。

维纳的话

正如以上种种例子所展现的，所谓人类肢体，无论是像工具那样实现了肢体化的外部存在，还是像手脚、躯干这样天然的内部存在，一个人的肢体范围到底可以涵盖至何处，这是一个极其模糊的概念。我们人类的大脑究竟将何种范围之内视作肢体的内部，而将何种范围之外视作肢体的外部？目前，对这一边界的定义还算不上明确。

那么，作为本书主题的人类增强工程又是如何看待这个事实的呢？为了对此加以说明，我想先介绍一下美国学者诺伯特·维纳（Norbert Wiener）的一段话。维纳是创建了"控制论"（Cybernetics）这门学科的天才，这门学科旨在综合性研究在动物和机器间如何实施控制和通信。维纳尝试在研究中将生命及社会视为动态的控制系统，在其著作《控制论：或关于在动物和机器中控制和通信的科学》的初版序言中，有这样一段话，尽管有些长，不过对于人类增强工程深具启发意义，引用如下：

　　在这样的情况下，我认为对于 Cybernetics 的定义，要比我一开始所确立的更为明确些才好。如下定义在实质上仍是与船上的"掌舵之人"相类似的概念，在此允许我对其加以叙述：假设存在种种与我们的状况相关的变量，其中某些是我们所无法控制的，另一些则是我们所能加以调整的。此时，基于那些无法控制的变量从过去到现在为止的数值，适当地设定能够调整的变量的数值，以期达到对我们最为有利的状况，这就是我们所希望的。而为了能达成这一希望，除了 Cybernetics 之外，别无他法。就像船上的掌舵之人根据以往风向和大海状态的变化巧妙地掌舵，在给定的行程中遵循最近的航线前进，这正是最为贴切的一个比喻。

维纳这段话的关键点在于，我们眼前既有无法控制之物，也有只要努力就能控制之物。海啸和地震等自然现象是无论人类如何努力都无法控制的，就好像维纳所打的比方，了解潮汐和风向的目的并不在于让人明白该如何操作船只，而在于如何才能稳定地实施控制并掌舵，以尽快抵达目的地，这才是了解潮汐和风向的本质目的所在。换言之，说不定维纳是在人类能控制的因素和不能控制的因素之间定义了一条分界线。哲学家丹尼尔·丹尼特（Daniel Dennett）也曾说过："所谓'我'就是自己能直接控制的部分的总和。"他所说的正像动画《新世纪福音战士》中所出现的"绝对领域"（A.T.L Field）那样，是自己与外部世界之间的分界线。

人类增强工程应有的样子

如果将这个概念化用到我所倡导的人类增强工程之中，则是指无论在肢体还是在信息世界之中，都同时存在着无法控制之物与能够控制之物。我们可以把这个说法用另一种语言来表述，将无法控制之物称作"不可控"（uncontrollable），将能够控制之物称作"可控"（controllable）。

如此想来，肢体本身就存在不可控的领域，例如内脏。人类再怎么清醒，也不可能像活动手脚那样活动肠胃，更不可能加速或抑止心脏的跳动。虽然内脏确实是自己身体的一部分，但却不能算作能够控制的部分。

另一方面，我们平时利用肺部进行呼吸，尽管是在无意识间完成的，但我们也能有意识地吸气或吐气，还能暂时屏住呼吸。它应该就是刚好介于可控与不可控之间的那部分了。

按照这种思路，我们也可以将人类增强工程看作一门拓展肢体内外部两方面的可控领域的学科。

例如，前文中介绍的情感试穿戴，就扩大了肢体内部的可控领域。想要控制人类的感情和情绪是一件非常困难的事，因为人类缺少方法来知悉自己正在做出什么表情，所以，有助于实现控制的反馈回路就不起作用。如果我们能知道自己当下的表情，并试图改变表情，那么我们可控的肢体领域似乎就获得了拓展。

关键在于能让人看见原本看不见的东西。在显微镜发明之前，我们无法看见细菌，所以不知道为什么人会生病，更无法进行治疗（实施控制），这也是相同的道理。

以"人机一体"为目标

那么，拓展外部的可控肢体领域，又是什么意思呢？换言之，就是将作为工具的机械肢体化，让我们在操纵这些机械时，就像我们活动自身的肢体那样"自在化"，既可以有意识地操纵它，又可以无意识地操纵它。

我所说的"自在化"一词具有特殊的含义。佛教用语"自在"指的是"可令一切随心所欲的能力"。没人会在走路时刻意想"接下来右脚迈出 30 厘米左右，手朝这边摆动"，这是因为走路这个动作能够在无意识间自动完成。既能按照想法行动，也能在无意识间行动，这就是自在化。此处的"自在化"一词，在东方国家也有相似的词语，但在西方国家却没有类似的概念，我至今也没找到能用于替换的英语单词。

无论是动力服，还是情感式穿戴，只要人类能自在地操纵增强后的肢体，就能实现"自在化"。创造出能像活动自身肢体那样自在操纵的道具，是人类增强工程的目标。

我总是喜欢用"人机一体"这个词来表达这种人类与作为增强肢体的机械之间的关系，这个词是根据"人马一体"这个日本成语生造出来的。骑着马的人与马之间，两者并不是完全独立的。人在骑马的时候并不需要一直握住辔头对马进行控制，而是建立起一种什么也不想、在无意识间就让马进入奔跑状态的自动化形式。如果把控制论比作开船，那么人类增强工程就像是骑马。我的目标是能在人与机械之间，也建立起这种人与马凭借一体感自如运动的关系。

自动化与自在化

2000 年起，随着计算机技术的飞跃式发展及信息社会的进步，作为可控型增强肢体的机械领域开始急速拓展。就像可穿戴式计算机所代表的那样，肢体也正开始借助传感器被数字化，然后借助计算机被解析利用。可以说，我们正逐渐将计算机穿戴在了身上。

近年来，随着深度学习等人工智能的突破性技术的诞生，机械终将超越人类的说法甚嚣尘上。人工智能将在 2029 年超越人类，雷·库茨魏尔（Ray Kurzweil）所宣称的"奇点"（singularity）理论似乎正在不断得到证实。

从人工智能的显著进步来看，人类的能力确实有可能被电脑超过。不过另一方面，我们有必要思考人类存在的意义是什么、肢体存在的意义又是什么。答案很简单，那些人类凭自己的意志决定要做的事情，便是只有人类才能成就的事业。

而把人类不想做的事交给人工智能，将其"自动化"，对此，我并不反对，因为这样做才会让人类更幸福。但另一方面，也有必要拓展人类的能力，令其"自在化"。

例如，电脑或智能手机上的输入法。AI 会预测人想输入的是哪一个词，然后在刚刚打出第一个字母时就显示出来。人们从预测所得的候选词组中选择所需的文字，就能大大提高输入速度。对此，人类并没有意识到这是 AI，只觉得是自己在输入。类似这种"透明的 AI"，就是人机一体所实现的自在化的代表性事例，它并不仅仅是自动化。

联系大脑与身体的五感之窗

那么，为了从人类肢体的内部和外部这两方面拓展可控领域，做到人机一体，并实现自在化，我们需要做些什么呢？搞清楚这一点的捷径，就是探索我们的肢体拥有什么样的技能，以及人类的大脑是如何通过肢体与外界相连的。

目前我的肢体观是：肢体是将大脑与世界同步的交互界面，尽管这还只是初步的假设。我们在自己的脑海中构建了名为现实感（reality）的现实世界（real）模型。为了及时更新以提高该模型的精度，作为交互界面而诞生的，不正是我们肢体中的五感吗？进一步，根据我们的意愿建立起现实感的未来模型，并为了让它与现实世界相吻合而做出的努力，就是肢体运动，其中的偏差则被我们以"力"的形式感知到。交流也可以看作依靠语言或肢体动作，将双方的知识进行同步的行为。

那么，人类通过五感之窗，能从外界摄取哪些信息呢？或者说，以人类肢体这一形式呈现出来的信息主体，其与外部环境之间建立起的是一种什么样的关系呢？搞清楚了这两点，我们或许就能建立起肢体的信息模型了。

下一章，我们将详细阐述作为交互界面的肢体是怎样构成的。

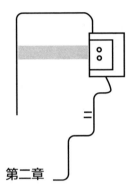

第二章

作为交互界面的肢体

1

现实世界是唯一的吗？
——由五感构建的现实感

变成透明人

如果能变成透明人，你会做些什么？

某天早晨你起床之后，没惊动家里的任何人就出了家门，朝着学校或公司出发。你在搭乘的巴士或地铁上没有感觉到任何人的视线，反倒因为透明而差点儿被迎面走来的人撞上。在付出了不为人知的努力之后，你终于抵达了目的地，谁也没惊动，更别提跟人打招呼了。要是你主动开口，那么对于被你搭讪的对象而言，这简直就像是经历了一场恐怖电影。自己无法被他人看见，与自己并不存在于这个世上也没什么不同了。

在现实世界里，貌似还真有人相信自己能够变成透明人。在伊朗就曾发生过这样一起事件：一名男子坚信自己依靠咒语变成了透明人，强行闯入银行，企图盗窃银行内顾客所持的钞票，结果当然是立刻就被逮捕了。被捕的男人宣称自己向咒术师支付了巨款，向其学习了在手腕上刻下咒语变成透明人的方法。这个轻信巫术被骗的男人既可悲又可笑，这是我很喜欢的一则轶闻。

说到透明人，我想介绍一下在2000年上映的美国电影《透明人》。故事的主人公塞巴斯汀是一位自学生时代起就具备天才头脑的出色科学家。作为"生物的透明化与复原"这一国家项目组的组长，继透明化实验在大猩猩身上取得成功之后，塞巴斯汀成了第一位人类受试。通过服药，他成功地变为透明人。在电影里，主人公的皮肤、脂肪、肌肉、内脏、血管、骨骼等人体内部结构全部基于解剖学和人体生理学仔仔细细地进行了建模，主人公从外部开始逐渐消失的计算机图形学（CG）特效非常精彩，就连肌肉的收缩和体液对光线的反射也经过了计算，这成为电影的一大看点。

那么，塞巴斯汀在化身为透明人之后经历了什么？成功透明化后无法恢复，塞巴斯汀最终变得精神失常，跟周遭人的联系也逐渐淡化，从而与丧失了社会性没什么两样。他接连犯下罪行，最终竟然试图把包括前女友在内的研究组成员全都杀掉。看来，人类一旦变成透明人之后就会陷入极度恐慌，以至于彻底暴露出动物本能，这似乎就是这部科幻作品（一种思想的实验）所得出的结论。

透明人无法被看见吗？

电影《透明人》的素材取自 H. G. 威尔斯（H. G. Wells）的《隐形人》。这位伟大的英国科幻作家早在 1897 年就刻画出了人所拥有的两面性。变成透明人而无法过正常人生活的科学家格里芬（Griffin），最终堕落成了无恶不作的通缉犯。丧失外观所诱发的，必然是恶魔般的人性。书中格里芬的大学同学开普博士（Dr. Kemp）遭到格里芬的暴力威胁而向警察求助，格里芬在发现之后大叫"叛徒"，光是想想这一场景就令人不寒而栗。

令其他人无法看见自己的身体，这是虚构作品中的传统主题之一。在 J. K. 罗琳（J. K. Rowling）畅销全球的小说《哈利·波特》系列中就写到了只要穿上就会变透明的斗篷；另外，藤子·F. 不二雄的《哆啦A梦》的秘密道具里同样也有"隐形斗篷"。看来，在"让身体变透明"的构思之中，必定包含了某种能够刺激人类创造力的要素。如同序章中所提到的，我身为研究者的转折点，也正是光学迷彩这种能将人类身体透明化的技术。

那么，透明人真的无法被看见吗？

其实，在威尔斯的小说《隐形人》中，为了搜寻变成透明人的格里芬，知晓透明人秘密的开普博士向接受紧急召集的警察局长阿迪（Adye）提出了如下建议：

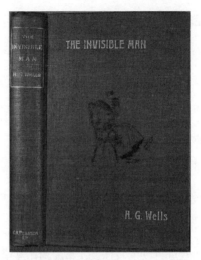

H．G．威尔斯《隐形人》的初版封面

他在咽下食物之后需要过段时间才能彻底消化，而这期间体内的食物是能够被看见的。因此他就必须找个地方暂时藏身休息。而这，就是我们的着眼点。其次就是狗了，尽量多找些狗来吧。

哦，狗能看见透明人？

看不见，就跟我们人类一样，但狗能闻出来。这一点是透明人亲口告诉我的，他最怕狗，所以肯定不会错。

这和我们需要警犬的理由是相同的。据说狗的嗅觉是人类的10~50倍，狗的嗅细胞的数量大约有2亿个，而人类只有约500万个。鼻子里嗅黏膜上分布的嗅细胞能够接受气味分子，将该刺激转变为电子信号传送到脑部，则会让脑部感知到气味的存在。也就是说，狗能利用鼻子而不是眼睛（视觉）感知到透明人的存在。

现实世界不等于现实感

在此必须再次强调的是，我们人类眼中的世界，只不过是凭借自己的感觉器官所能认识到的世界而已。

如果用频率数值来表示，人类的视觉仅能检测出波长从 380 ~ 750 纳米的有限范围，这部分光被称为可见光。听觉也一样，对于空气的振动频率，我们只能检测出 20 ~ 20000 赫兹。超声波指的就是人耳听不见的高频振动，它可以被人类以外的动物利用。例如，夜行性的蝙蝠虽然视力退化了，但其能从口中发出超声波并利用回响来识别自己的方位。其他还有味觉和触觉等，我们充其量只不过是在利用与其他动物相比功能并不怎么高级的感觉器官在认识物理世界。

因此，为了"看到"透明人，我们就必须先将其转化为能够被看见的对象。针对这一点，根据威尔斯的小说原著拍摄的电影《透明人》之中，为了看见透明人而采用的方法就十分现代化。没有必要利用狗，只要戴上热成像相机（thermography camera）等会对热量产生反应的眼镜，将塞巴斯汀的身体所发出的热量可视化即可。从能将隐形之物变得可见这一层面而言，这种眼镜或许也可以算是一种增强肢体了。

凭借我们身体天生的以视觉、听觉等五感为主的各种感觉器官，人类从现实世界（物理世界）感受外部环境及其变化和相关信息等，从而构建起每个人的"现实感"，来理解现实世界。换言之，客观物理世界与我们自身主观感受到的世界，是截然不同的两种东西。

客观的牛顿，主观的歌德

这个"现实世界"与"现实感"的对立，正如昔年牛顿与歌德之间围绕色彩的性质而产生的对立。

出生于英格兰的艾萨克·牛顿（Isaac Newton）发现了万有引力和微积分，是在自然科学史上留下伟大功绩的物理学家和数学家。

牛顿在物理学领域的伟业之一，是三棱镜实验。三棱镜是用玻璃制成的透明角柱，用来进行光的折射和发散。通过这个分光实验，牛顿发现太阳光能够被分成赤、橙、黄、绿、青、蓝、紫七种颜色的光，就像彩虹一样。这个实验发现，各个颜色的光的折射角度并不相同。正如 1704 年出版的《光学》序言中所述："不止是假设，而是根据推理和实验，揭示并证实了光的性质。"

与牛顿唱反调的是德国的约翰·沃尔夫冈·冯·歌德（Johann Wolfgang von Goethe）。歌德因《少年维特之烦恼》等作品而闻名，是德国最具代表性的文豪，但他也曾以自然科学家的身份留下过著作，其中一本就是牛顿的《光学》出版约100年后的1810年所出版的《色彩论》。在这本书里，歌德表达了他对于牛顿将色彩简单地视为折射率这个数值化性质的不满。

歌德的独特视角在于，他认为色彩的产生必然伴随明与暗、黑与白的对比。牛顿用摆在桌上的三棱镜对入射光进行分光观察，而歌德则将三棱镜举到眼前观察世界。透过三棱镜所看到的世界，在白色物体与黑色物体的分界线上出现了色彩。色彩介于明暗之间，存在于阴影之中，这就是歌德的观念。在学校的美术课上，我们会学到将色相按照光谱顺序排列成环状的"色环"（color wheel），如果按照牛顿把色彩与光的波长一一对应的思路，人们是不可能想出这个创意的，是歌德推导出了色环上相对的两种颜色互为补色关系。

"色彩是光的行为"（歌德《色彩论》），这句话正体现了他的这个观点。色彩并不是自始至终都存在于光之中，而是人类的双眼与自然界光线之间产生了合作（行为）而诞生的产物。

牛顿与歌德的对立，清楚地揭示了现实世界与现实感这两个世界的并存。换句话说，我们自身主观感受到的世界，只存在于我们的肢体（眼睛）与自然界（光）的相互作用之中。

大脑所感知的世界

物理世界中并不存在粉红色，准确地说应该是洋红色（Magenta）波长的光。它是一种利用了歌德的色环才得以见天日的色彩，也因此而闻名于世。以彩虹为例，这种粉红色是用位于彩虹两端的红色和紫色混合而得到的色彩。人类同时观看红色和紫色这两端的波长光线，使这两种颜色在脑中重叠，从而看到了粉色。也就是说，粉红色是一种只存在于我们脑海之中的色彩。

举一个更贴近生活的例子，电视及电脑的屏幕是利用红、绿、蓝这三种光线的三原色制造的。一定有人在小时候曾用放大镜观察过电视画面，并注意到电视画面都是由红、绿、蓝三种颜色所构成的吧？屏幕上所显示的颜色与物理世界的色彩，其波长组合并不一致，但视网膜上的锥体细胞会对红、绿、蓝构成的光线发生反应，从而让大脑产生与物理世界的色彩相一致的感觉，仅此而已。德国生理学家赫尔曼·冯·亥姆霍兹（Hermann von Helmholtz）在英国物理学家托马斯·杨（Thomas Young）的学说基础上，进一步发现，色彩会随着红、绿、蓝这三要素的比例而发生变化，这一原理被称为"杨－亥姆霍兹三色理论"。

像这样通过人的感觉器官进行感知，声音与光线的速度关系甚至可能发生逆转。依据物理法则，光速是每秒 30 万千米，而音速为每秒340 千米。常见的例子是烟花，放出的烟花照亮天空之后，还要过一会儿，我们才会听到声音。这证实了声音的传播速度比光慢。

　　然而，根据恩斯特·波佩尔（Ernst Pöppel）的著作《意识的限度：关于时间与意识的新见解》，在人类的感觉世界里，听觉与视觉的速度是相反的。例如，当光线传入视网膜时按下按钮，与声音传入耳中时按下按钮相比，从反应速度来说，听觉反倒比视觉更快一筹。

　　但是，即便声音能被更快地感知到，经过一个时间差后光线的信息才能抵达，我们在头脑中仍然会将光速与音速的差距考虑在内，进行矫正并使其同步。对于从物理世界感知到的信息，大脑就是这样进行矫正的，然后基于现实感，将世界构建于我们的脑海之中。根据日本产业技术综合研究所的研究，这种矫正最高可达 40 米。超过这个距离，声音和光线就会分离，大脑就会感觉到两者间速度的差异。为了让各位能够理解烟花的光线和声音的客观物理法则与人类主观感受之间的差异，笔者不得不进行如此详细的说明。

通过五感的功能理解多媒体

　　视觉或听觉的感知速度还会随着亮度或声音的强弱而变化。比如，我们对明亮的处理速度就更快，对昏暗的处理则更耗时间。这个现象由德国物理学家卡尔·普尔费里希（Carl Pulfrich）在 1922 年发现，是"普尔费里希效应"（Pulfrich Effect）之一。

　　例如，将右眼用墨镜遮挡，让视线变暗，然后观察横向运动的振子，两眼之间就会发生感知偏差，把实际上是沿直线运动的振子看成是沿椭圆运动。右眼的感知比较慢，所以右眼所看到的是比左眼略旧些的场景。因此，如果振子是在向左运动，那么看起来就像是朝眼前飞来。不过，能够被立体化的内容仅限于以能够引起双眼感知偏差的方式运动的物体，例如透过车窗拍摄的影像或是正在滴溜溜旋转着的物体等。在播放裸眼 3D 立体影像的显示器普及之前，甚至出现过利用这种效应来制作的游戏。如果想观察这一现象，你可以在右眼戴上墨镜，使单眼视线变暗，然后找一个有弹幕的视频，浏览上面飘过的弹幕。这时，就能观察到速度较快的弹幕就像正朝眼前飞来一样。

　　为什么胶片电影每秒仅有 24 帧，却完全没有出现感知偏差的问题呢？原因在于电影院里很昏暗，所以就算帧数少一点，人们也感觉不到。如果在明亮的地方观看胶片电影，就可能会觉得影像一跳一跳的，正在闪烁，这是因为我们的眼睛在明亮的地方能够感知到帧数了。另一方面，由电影《2001 太空漫游》特效师道格拉斯·特朗布尔（Douglas Trumbull）所开发的 Showscan 技术，能够以每秒 60 帧进行电影的摄制与放映。原本，昏暗处的些许亮光经常会被视网膜的边缘捕捉到，而 Showscan 技术拍出的电影帧数足够多，所以人眼的余光不会感觉到闪烁，因此可以展现出流畅且魄力十足的场景表现力。

　　想要浏览视错觉（optical illusion）或听错觉（auditory illusion）等在感知中看见或听见的信息与实际并不一致的例子，可以浏览 NTT 交流科学基础研究所的"错觉论坛"（Illusion Forum）。在这个网站上，

错觉论坛（http://www.kecl.ntt.co.jp/IllusionForum/）

读者能够实际体验各种例子。

　　体验之后就会明白，我们认识世界需要通过视觉、听觉等"过滤器"。而这些"过滤器"，正是身体的感觉器官所拥有的。

电脑能够制造出体感

　　假如所谓的体感是由我们身体的感觉器官创造出来的，那么基于感觉或知觉这些心理学概念，我们岂不是就可以设计出现实感了？基于这个思路，我在任教的大学开设了"现实感设计"（Reality Based Design）的课程。

课程的出发点来自我在游戏厅里玩过的街机。

世嘉（SEGA）在 20 世纪 80 年代后期推出的体感游戏代表作《冲破火网》，是一款让人坐在一个类似驾驶舱的游戏仓里，握住控制摇杆用枪炮击落敌机的游戏。当精美的画面和旋转的游戏舱呈现在我的眼前时，我当场便为电脑居然能制造出如此刺激的身临其境感而深感震撼。我们不再只能透过一行行程序来旁观游戏人物的动作，还能用电脑创造出如此接近人类原生态的体验，这让我的情绪不由得为之高涨。随着计算机的出现，我们得以直接介入肢体，从而构建全新的现实感。我觉得再没有比这更有趣的事了。

要创造出不同于现实的另一个世界，这个创意在《哆啦 A 梦》里同

《冲破火网 2》的游戏仓

样有可以实现的秘密道具——"如果电话亭"。这是一种做成了公共电话亭模样的道具，人进入其中，拿起电话，说出"如果……的话"，不一会儿电话铃就将响起,电话亭之外的世界就会变成自己所期待的模样。

"如果电话亭"最早出现在 1975 年的漫画中，而在 1984 年上映的电影《大雄的魔界大冒险》中，作为剧情背景存在的魔法世界，就是大雄利用"如果电话亭"以"如果真能使用魔法的话"创造出来的。

另外，在美国科幻电视剧《星际迷航》系列中，同样有能创造出另一个世界的全息甲板（holodeck）这种虚构装置出现。该电视剧系列始于 1966 年，不过，全息甲板是在 1987 年的新系列中最早登场的。

《星际迷航》系列是进入 21 世纪之后仍在热门的系列，日本也曾在 1966—1969 年期间播放过这个系列的电视剧，这也是我非常喜欢的科幻电视剧之一。全息甲板是一间边长数米的立方体房间，利用叫作"重力射线"（force beam）的虚构装置，可以令全息三维影像或是全息图像具备实体，从而制造出与现实一般无二的世界——能自由构建森林、草原等大自然，抑或无垠的宇宙。

制造五感的头戴式显示器

像这样运用五感来构建现实感的模拟器，其传统可以追溯至电影放映员兼摄影师莫顿·海利希（Morton Heilig）在 1964 年发布的一种叫作

"sensorama"的机器。这是一台街机，人把头放入头盔内并握住把手，就能享受到骑摩托兜风的乐趣。耳边传来引擎声，把手上传来震动，前方清风拂面……它的构思就是用五感实现体感，并针对各种感官设置了全方位的刺激，玩家甚至还会在路过披萨店时闻到诱人的披萨香味。

海利希将这种罩在头上的装置冠以"全方位电视面罩"（telesphere mask）之名，并在1960年申请了专利。如今，人们普遍认为它就是"头戴式显示器"（head mounted display）的原型。

除此之外，研究如何像这样构建另一层现实感的鼻祖，当属美国的计算机科学家伊凡·苏泽兰（Ivan Sutherland）。苏泽兰在1965年发表了一篇题为《终极的显示》的论文，展示了构建全新现实感的方法图景。他还在1968年制造出头戴式显示器，开辟了人类该如何沉浸

sensorama

于计算机世界的道路。

　　苏泽兰还是公认的计算机图形学和计算机辅助设计之父。早在1963 年，苏泽兰就发明了能够绘制直线、正圆等图形的计算机程序——"画板"（sketchpad），并因为这个程序而获得了素有计算机科学领域诺贝尔奖之称的"图灵奖"及日本的"京都奖"。可以说，这项成果改变了计算机与人类的对话方式，它是在计算机上进行直观操作的起源。日后，各种只要动动笔就能轻松绘制出图形的"图形用户界面"（graphical user interface，GUI）都源自这个程序。

　　利用画板，人们就能借助计算机绘制正圆或直线，换个角度来看，这应该也算是增强了人类的能力。因为我们单凭自己的手，是没法画出笔直的线或正圆的。这么一想，苏泽兰甚至称得上是使用计算机来增强肢体的先驱了。

　　说点题外话，在 2012 年苏泽兰荣获京都奖之际，我也很荣幸地

画板

受邀参加了颁奖典礼。当时有观众向他提问："您为何能在各个领域接连获得开创性的成果呢？"他给出的回答是："我只不过是在对的时间站在了对的地点。"这句话令我至今难忘。

　　确实，苏泽兰在就读博士期间的导师，是被誉为信息论之父、因"香农定理"（Shannon's Theorem）而闻名的美国数学家克劳德·香农（Claude Shannon）。而香农则师从模拟计算机的研究者万尼瓦尔·布什（Vannevar Bush），他们的论文和著作深深地影响了苏泽兰。苏泽兰的弟子则是被称为"个人电脑之父"的计算机科学家艾伦·凯（Alan Kay）。在列举出这些史实后，人们就会明白，苏泽兰所谓"对的时间""对的地点"的言论并非无稽之谈。在早期的计算机技术领域，研究者之间像这样相互影响、一脉相承的现象颇为有趣。尽管针对这些历史，我也有很多想法，不过还是在本书之外再说吧。

体验超人的感觉

　　话说回来，头戴式显示器自发明之后，也在各个方面实现了技术的飞跃。近些年来，以 Oculus Rift 和 PlayStation VR 等游戏机为主的开发正如火如荼。

　　庆应义塾大学与游戏开发企业 Unity 共同开发的"日吉跳"（Hiyoshi Jump），是一个能在实地拍摄的 360 度影像之中跳跃的游戏，影像的拍摄地点就在神奈川县横滨市的庆应义塾大学日吉校区里。

这个游戏的亮点在于，内置的传感器能够读取佩戴了头戴式显示器的人在实际跳跃时的头部晃动情况，从而令玩家在游戏时有自己确实是在跳跃的感觉。360 度俯瞰建筑物，行人和汽车都会迅速变小，而自己升至高空，这样的体验尤为震撼。身体飘浮在空中，玩家也能体验一把化身为"超人"克拉克·肯特的感觉。这真是一个能让人体验到充满现实感的全新世界的成果。

在空间中构建全新世界

除头戴式显示器之外，尝试构建三维空间的著名产品还包括伊利诺伊大学的汤姆·蒂凡提（Tom DeFanti）等人在 1993 年发布的沉浸式多表面显示系统 CAVE（cave automatic virtual environment）。正如它的名字所显示的，这是一种投影系统，通过建造一间像洞窟（cave）一样的圆顶房间，并向前后、左右、上下各表面投影三维影像，使人产生沉浸感。系统的 4 台投影仪在时间上同步，然后利用使用者头部的传感器测定视点位置，实时对周围的影像进行重新计算和呈现，这就是它与 3D 电影院最大的区别。与头戴式显示器相比较，它还具有视野范围超过 180 度、环顾四周时影像延迟较短等优点。

前些年，微软为了提高家用游戏的沉浸感，曾经推出过能将影像拓展至电视机画面周围的 IllumiRoom 系统。它采用的是光雕投影（projection mapping）技术，在计算过被当成投影对象的空间及物体的位置和形状之后，再将影像重合上去。多亏了如今的计算机具有十分强悍的运算能力，所以才能在调配出可作为互补色的色彩之后，将其实时投射到家具和墙壁等三次元物体的表面。

像这样对人类视觉、听觉等感觉器官实施人为的刺激，构建与现实相差无几的现实感尝试，就是虚拟现实的研究领域。通常情况下，大家倾向于认为 VR 专指那种头戴式显示器，但其实，VR 原本指的是构建一个对人类而言与现实相差无几的现实感的研究领域。另外，尽管有不少人将 virtual reality 直译为"虚拟现实"，但我觉得还是意译为"人为的现实感"更为贴切。我的导师、东京大学名誉教授馆暲先生在其所著的《Virtual Reality 入门》一书中，曾对该词的原意进行过详细考据，感兴趣的读者可以参考一下。

创造出主观上的等价

创造虚拟现实并不是最近才出现的创意，在日本传统落语①《哗啦啦》里其实就已经有了这样的构想。一户人家家里进了小偷，小偷

---

① 日本传统曲艺形式，类似单口相声和单人小品。——译者注

看到豪华的家具和装潢欣喜若狂，但他想要开橱柜时却发现打不开，小偷这才意识到，家具其实都是画上去的。不过，既然这间屋子的主人是以"假装"拥有这些东西的方式在生活，那么小偷就干脆也"假装"将这些东西偷走吧。于是，小偷展开了一场无道具表演。这出节目告诉观众，一切只要"假装"就好。

美国儿童文学作品《绿野仙踪》中也有类似的剧情，即故事里出现的"翡翠国"。据说,这个国度里的一切都是由翡翠色的大理石建造的，居民的礼服也都闪耀着翡翠色的光泽。然而真相却大相径庭，奥兹大王宣称，"街道灿烂的亮光会刺伤眼睛"，所以要求居民与访客集体带上绿色的墨镜，这才导致一切都闪烁着翡翠色的光泽。尽管我依稀记得小时候看到这段时有过"这也太夸张了吧"的念头，但如今回想起来，却觉得"只要大家都觉得是真的，不也挺好么"。这实在是一个耐人寻味的桥段。

像这样，只要能让自己觉得这与现实等价就行了。也就是说，VR是人为创造出的环境上的"主观等价"，而这对人类而言，就相当于构建起了全新的现实感。将这个理论与上一章联系起来，我们就可以认为，为了创造出人机一体化,也就是为了做到人类与机械的无缝衔接，实现肢体的主观等价必将成为设计上的重要目标。

至此，我们分析了肢体这一交互界面是如何构建有别于客观物理世界的独立世界的。下一节，就让我们一边了解各种案例，一边思考VR与肢体之间的相关性吧。

2

能否构建全新的现实?
——由感觉和信息所构建的 VR

4DX 电影的出现意味着什么

说起 VR,大家最先想到的一定是头戴式显示器吧?虽然目前还没人会把电视或电影称作 VR,但我觉得,近些年来的视频媒体已经越来越接近 VR 了。

20 世纪 90 年代,数码技术的照相写实主义(photo realistic)影像的巅峰,当属史蒂文·斯皮尔伯格(Steven Allan Spielberg)导演的《侏罗纪公园》。该电影上映于 1993 年,全球票房高达 9 亿美元,票房总额位列第一,该纪录直到 1997 年才被詹姆斯·卡梅隆(James Cameron)导演的《泰坦尼克号》打破。

在制作恐龙肆虐的影像时，制作方不仅仅采用了计算机动画技术，还运用了先进的视觉效果技术及电子动画技术，汇集了当时的技术精华，让人类被暴龙追赶的场景具有一种震撼人心的表现力。

假如想让电影《侏罗纪公园》在人类获得现实感的进程中占有一席之地，其挑战在于如何在电影院这个空间构建一个与人类在现实世界中所见到的别无二致的场景。换言之，就是使用各种视频技术和音效，构建起人类的现实感。

该系列的第 4 部《侏罗纪世界》于 2015 年上映，一定有人在观看时选择的是 4DX 数字影院吧？所谓 3D 电影，就是在戴上 3D 眼镜之后能从屏幕上看到立体的画面。而 4DX 则更进一步，电影院的椅子会配合视频前后左右移动，遇到台风等场景会随之落水、刮风，还会根据情节传来香气，其放映模式简直媲美主题公园的景点。2015 年上映的其他 4DX 电影还包括澳大利亚电影《疯狂的麦克斯：狂暴之路》等，这些作品均因 4DX 技术而获得了极大的关注。

3D 电影能让人看到立体的影像，它可以说是朝着虚拟现实迈出了一大步。不过近些年来，电影院还展开了像 4DX 这样不仅有视觉和听觉，还综合了触觉和嗅觉等五感来构建人类现实感的尝试。从这个角度而言，电影可以称得上是越来越接近虚拟现实这个目标了。不过对于电影世界而言，无论我们再怎么刺激五感，屏幕这个窗口都会将身体与影像割裂开来，我们无法对电影中的世界加以干涉。可以说，这就是电影作为一种单向媒体的极限了。

头戴式显示器所带来的现实感

如果某天人类可以在人为构建的虚拟现实世界之中生存，那将会是怎样的一种场景？借由拉娜·沃卓斯基（Lana Wachowski）和安迪·沃卓斯基（Andy Wachowski）姐弟[①]所创作的电影《黑客帝国》三部曲，这个问题引起了全世界的思考。《黑客帝国》第一部于 1999 年上映，因其极致的视觉效果在日本也获得了如潮的好评，我想应该有不少人都对这部作品记忆犹新吧。

基努·里维斯（Keanu Reeves）饰演的男主角尼奥在某一天被一位神秘的女性告知"你所生存的这个世界，其实是由一台电脑所构筑的虚拟现实"。尼奥觉醒的那一刻，看见的便是被关在如同培养皿一般的胶囊舱里动弹不得的自己。《黑客帝国》所展现的世界，正是一个现实世界与现实感交织的世界。

或许很多人在看过《黑客帝国》三部曲之后，认为头戴式显示器所指向的未来将是一种反乌托邦的世界，但如何利用 VR，全在于我们自己。我们都知道，飞行员在训练中会用到飞行模拟器（flight simulator），在这种训练中，模拟器能释放出紧急事件发生时所特有的气味，如漏油的气味或是电路烧焦的气味等。如此，飞行员便可以在训练时就体验到与现实相差无几的世界，从而在事发时应对自如。在军事训练中，我们也会用到类似的模拟器。无论在哪个时代，都得

---

① 两人原本是兄弟，本书日文版出版时，哥哥已经变性为女性。至中文版出版时，弟弟也已变性，两人已经成为姐妹。本书中用的是两人作为姐弟时的名字。——译者注

看技术是不是用对了地方。

VR 的三大要素

身为日本虚拟现实研究的第一人，馆暲先生在其著作《Virtual Reality 入门》中，对虚拟现实总结了如下三大要素。

综合 3D 电影和电子游戏的优点，凡是具备三维空间性、实时互动性及自我投射性这三大要素的事物，即为虚拟现实。

以先前说过的 3D 电影为例，视觉上具有立体感这是显然的，所以 3D 电影是具备三维空间性的。但 3D 电影是没法换个角度去看的，无论如何观众都不可能绕到角色的背后去，更不用提像《星际迷航》里的全息甲板那样触碰甚至移动物体了，所以它并不存在馆暲先生所说的"实时互动性"。

而头戴式显示器则能通过传感器检测头部显示器的位置，从而让人在虚拟空间中也能感觉到头部的移动和视点的转动，还能操纵虚拟空间中的物体进行移动。这些感觉被称作深部感觉，"有"和"没有"的区别可是相当之关键。正是因为有了深部感觉，我们的大脑才能对肢体所处的状态产生认知。例如，当确认了自己的肢体位于何处时，我们闭着眼睛也能捏到鼻子；又例如，感受自己的各处关节或肌腱弯曲到了何种程度。对于体育运动而言，这是非常重要的感觉，但深部感觉的发达程度却因人而异。即便我们想要成为铃木一朗那样出色的棒球选手，却很难再有第二个人能拥有像他那样的深部感觉。将深部感觉与其他感觉综合在一起，我们便能认识到自己的肢体状态。

但是，头戴式显示器却无法像物理世界那样重现出指尖触碰到的触觉或是草木清香的嗅觉，只能构建视觉、听觉及转动头部所带来的体感和平衡感。如果只有视觉和听觉，那不和面对幽灵没什么两样了？毕竟，我们只有通过触碰才能确认对方是真实的存在。那么，只要能碰到就行了么？如果闻不到气味，也尝不到酸甜苦辣，就会像是被厚厚的宇航服包裹着一样，与世隔绝。头戴式显示器能在一定程度上实现“自我投射性”（感觉自己沉浸到了其中），但在触觉、嗅觉和味觉这些方面，还远远达不到与物理世界的感知主观等价的程度。

糅合多种感觉的多模态

我们所体验的物理世界与虚拟现实不同，人不止拥有五感，还拥有前庭感觉和深部感觉等许多感觉。当人类从各种感觉形态（sense modality）所获知的感觉达到一致时，这种状态才是现实世界。越接近这种状态，我们的现实感就越强，从而产生了主观上的等价。

让我们再来看看上一章介绍的"橡胶手错觉"。视觉上，自己的手看起来仿佛就在那儿；触觉上，自己的手确实有被刷毛扫过的感觉。受试同时被施加了这两方面的刺激，这种将视觉和触觉等人类所拥有的多种感觉组合起来的情况，被称作"多模态"（multimodality）。这个词的字面意义即为"多种形态的组合"，所能叠加的感觉种类越多，就越接近于物理世界的主观等价。当前最热门的研究主题正是如何将这么多种感觉进行组合，如何构建感觉间的相互作用。

沉浸式多表面显示系统的共同开发者之一丹尼尔·桑丁（Daniel Sandin）认为，"人类能够感知到红外线，但不是用眼，而是用皮肤"。我们虽然没有蛇的颊窝（facial pit）那样可以直接测定红外线的器官，但在夏天直射的阳光下闭上眼，我们就能通过皮肤表面因红外线造成的温度变化来感知太阳的方位。

上一章的最后提到的"控制论"的倡导者诺伯特·维纳，曾留下一个传说，这是我在 MIT 担任访问学者期间听到的逸闻。据说，维纳对阅读的痴迷达到了人尽皆知的地步，在大学期间，他就连去教室上课的路上都还在看书。放到如今，他应该也属于边走边玩手机的"低头族"吧？当然，走路时看书属于危险的行为。

但是，他创造了一种被称作"维纳行进"的行走方式。具体来说，就是在低头看书而无法看路的时候，用指尖抵住墙壁，一边感知墙壁的起伏，一边前进。维纳借助指尖和脚底的触觉等体感，记住了从实验室到教室的路，他利用视觉以外的其他感觉器官在脑海中成功描绘出了地图。这段逸闻也体现了维纳的天才之处。

人类的第三只眼

根据我的理解，"维纳行进"的逸闻很好地诠释了我们是如何利用肢体来感觉，又该如何设计全新的现实感，让人抛开视觉还能利用指尖传来的触觉进行"观察"并行进。所以，我非常重视这个小故事，至今还在用它来教导学生。

在玩盲人足球（blind football，视觉障碍者五人制足球）时，人们也会产生相同的感受。盲人足球属于残奥会的正式项目，我曾经蒙上眼睛参加过这种比赛。结果神奇地发现，即便眼睛看不到，我仍然能够观察。

我们经常发现，如果要求盲人"你觉得旁边有东西就止步"，那么他真的会在即将碰到东西时停下脚步。就好像我们朝着墙壁走过去的时候，总会觉得额前存在某种气息。在手冢治虫的漫画《三眼神童》中，男主角写乐保介只要撕下额头上的创可贴，就会变身为拥有超能力的恶魔王子。或许我们也跟保介一样，拥有第三只眼吧？

人类为什么能感知到气息？宫本武藏那样的剑术大师为什么会因感觉到背后的气息而猛然回头？东京大学名誉教授伊福部达先生就是一位专门研究这种"气息科学"的科学家。根据伊福部达先生的解释，某处只要存在物体、墙壁或站了人，那么空间的声学特性就会发生变化。人类并不需要等到听见了脚踩落叶发出的声音才会发觉有人接近，而是物体的物理存在本身就会导致周遭空间的声学特性发生变化，于是，人们就能通过听觉，"听到"环境所发生的细微改变。所以如果在蒙上眼睛后又堵住耳朵，绝大多数人都会撞到墙上。

现在，各大公司在研究和开发 VR 系统的时候，也都严谨地依据上述机制，将伴随头部运动或环境变化而产生的声学特性变化运用于其中。因此，头戴式显示器才能创造出更贴近人类现实感的世界。

为什么会猛按确认键？

有一则逸闻能够很好地展现多模态的一致性到底有多么强大。美国第 36 任总统林登·约翰逊（Lyndon Johnson）常在总统专机"空军一号"上的办公室里工作。他是一个对温度变化极为敏感的人，所以他总是不厌其烦地一会儿要求部下把温度调高一点，一会儿又要求部下把温度调低一点。

对此，烦不胜烦的部下在总统的手边设置了一个能够调节温度的旋钮。如此一来，总统就再也没有抱怨过温度了。

但是，这个温度调节旋钮其实是假的。这个温度调节旋钮并没有和空调直接相连，仅仅在驾驶舱内显示温度数字而已。总统以为自己

"空军一号"上设置的虚假温度调节旋钮

对室内温度进行了精确的调节，因此心平气和，不再抱怨。如今，这架"空军一号"被放在西雅图的航空博物馆里展出。

　　如果将人的身体视作交互界面，那么拥有亲自在操作的感觉就显得相当重要了。以前的家用游戏机从放入软盘开始读条到显示出下一个画面需要等很久，结果因为等待时间太长而遭到玩家差评，游戏开发者为此苦恼不已。经过多番思考之后，游戏开发者做了这样一个设计：在屏幕上向玩家提出了"想要加速进入下一个画面，可连击确认键"的指示。玩家连击之后，游戏就会进入下一个画面，于是等待时的压力就会减轻。这或许是因为输入的过程能让人产生信念与错觉。

信念对肢体的影响

说到由虚假信息而产生的信念对肢体的影响这方面的研究，就要提到神户大学的寺田努先生等人的"利用虚假信息反馈控制生物状况的系统"。该实验让受试骑上有氧健身车，测定其在运动过程中的心跳数值。但是给受试看的心跳数值却与实测值不同，是一份伪造的数据，由此来观察受试的肢体反应。例如，在心跳显示异常时却给出更接近正常值的假数值。

受试的心跳明明在加速，给受试看的心跳数值却保持不变，肢体受到这个信息的影响，实际心跳数值越来越接近假数值。不过，这种影响虽然确实存在，但影响的程度却因人而异。

这表明，我们一直以来相当熟悉的安慰剂效应，还会以别的形式发生作用。安慰剂效应就是给患者服下外表看来与真实药物别无二致、实际却并不含药物成分的假药（一般由乳糖或淀粉制成），却依然能产生疗效的现象。我们经常在电视新闻节目里看到诸如"某某东西吃了就能如何"的专题报道，且不说这种东西药理上的作用，只要有人相信，说不定它就已经起效了。这也就意味着，原本依靠我们自身的意志都很难直接控制的生理性反应，却有可能通过进一步限制"信息"来实现控制。

三种不同类型的虚拟现实

以上，我们介绍了不少与虚拟现实相关的例子和故事，并考察了其与肢体间的关系。受电子游戏等的影响，这个词在日本一度被译作"假想现实"，可谓是概念相当难以把握的一个词。自其衍生而出的概念也很多，因此造成了不少混乱。

本书将虚拟现实大致分为三种不同的类型。

其一，指的是利用电脑构建的人造赛博空间（cyberspace）。简而言之，就是类似于借助计算机动画技术所展现的黑客帝国世界观。这种世界观在"虚拟现实"一词风靡之前也被称为人造现实（artificial reality），指的是狭义上的虚拟现实。

其二，类似于电视台的现场直播，由真人实际参与。特别是让使用者亲身上阵，也被称作"远程临场"（telexistence），让位于远程的物件同样呈现出与现实世界别无二致的现实感。另外，后文还将详述由藤井直敬先生提出的"替代现实"（substitutional reality，SR），它含有偏移现实世界时间轴的意思，应该也属于第二种。

其三，是将上述两种类型综合起来的世界。也就是指将电脑构筑的世界与现实世界合二为一、高度重合的体系，也被称作"增强现实"（augmented reality，AR）或"混合现实"（mixed reality，MR）。例如，将车载导航系统的信息显示在汽车挡风玻璃的抬头显示器（head-up display，HUD）上。此外，能将某个物体在视觉上从现实世界中消除掉的"削弱现实"（diminished reality，DR）系统，也正在开发之中，本书序章中介绍的光学迷彩就是其中之一。

　　需要强调的是，虚拟现实的关键在于，它对于视觉和听觉之外的其他各种感觉器官同样成立。有种说法是可以通过捏脸颊时痛不痛来区分梦境与现实，在这种情况下，脸颊所感知到的触觉也是认知自身肢体的重要感觉。而对研究者而言，如何利用 VR 技术制造触觉正是极为热门的研究主题，并且今后应当还会展开针对味觉或嗅觉的研究。

　　在下文中，我将对本书中出现的各种新概念进行归纳和整理，希望能够通过介绍与此相关的各种研究和案例，推动人类增强工程的普及。

3

人类能否现身于别处？
——相当于灵魂离体的"远程临场"

交给机器人代理

在上文里，我们着重探讨的是用电脑或网络构建的虚拟现实。而接下来，我们将介绍第二种涉及真人参与的虚拟现实，特别是能将存在于别处的事物以一种与现实世界别无二致的现实感进行实时展示的远程临场。

远程临场指的是通过让同一个人同时存在于不同的地方来解决问题的方式。目前这方面研究进展最迅速的，是接下来将详细介绍的远程医疗系统，它能让医生远程进行诊疗。准备一个让人感觉像是真实存在般的环境,医生来完成机器人或人工智能无法胜任的工作,这就是远程临场。

远程金手指

让医生能远程进行诊疗，这一创意最早以被称作"远程金手指"（teledactyl）的远程诊疗系统的形式，出现于 1925 年美国杂志《科学与发明》所刊登的一篇小说之中。小说的作者是世界著名的科幻作家雨果·根斯巴克（Hugo Gernsback）。此外，美国科幻作家约瑟夫·施吕塞尔（Joseph Schlossel）发表于 1928 年的短篇作品《代理登月》，讲述的是一则为了登上月球而以机器人作为行程代理的故事，其中就提出了所谓机器人远程操作及机器人登月探索的创意。

上文介绍过的在《星河战队》中提出了动力服创意的科幻作家罗伯特·海因莱因，在另一篇小说《瓦尔多》中也提到了远程操作概念。故事讲述的是患有肌无力症的天才科学家瓦尔多为了弥补肢体缺陷，发明了一种只要施加微弱的力量就能操纵各种机械的"瓦尔多斯"

（Waldoes）。他可以一边观看电视，一边操作机械臂。

据说，《瓦尔多》对之后的众多科学家产生了深刻的影响。例如，美国的计算机科学家马文·闵斯基 1980 年在科技期刊上所写的论文综述中就指出，远程呈现在今后探索宇宙的过程中是必不可少的，并且强调，该想法正是源自《瓦尔多》一书。笔者在序章中曾提到过，闵斯基是 MIT 人工智能实验室的创立者之一，并且在斯坦利·库布里克导演的著名电影《2001 太空漫游》中对人工智能 HAL 进行了设定。

在这方面，最早进行实用化的成果是应用于机器人领域的远程操作技术，即令机械臂或机器人遵照从远处传来的指令完成操作。通用电气分别于 1953 年和 1958 年开发了名为"O-Man"和"Handyman"的机器人。前文提到过的伊凡·苏泽兰，据说在发明 VR 系统之前，

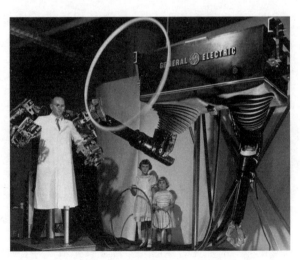

Handyman

就发明了能让直升机上安装的高灵敏度相机的动作与驾驶员的头部动作同步，并能通过头戴式显示器显示影像的夜间操纵辅助系统。

将这类机器人或机械领域之中的远程操作，与虚拟现实的交互界面技术合二为一，就形成了全新的概念——远程临场。这个概念是在1980 年 9 月由东京大学名誉教授馆暲先生构思并提出的，不过就在这个概念提出的 2 个月前，马文·闵斯基几乎与他同时提出了远程呈现的概念，可以说是有趣的历史巧合。

为了阐明远程操作和远程临场的区别，馆暲先生举出了操纵飞机的例子。远程操作只是动动手用遥控器进行操作，而远程临场则是使人进入一种像是就坐在飞机内进行实际操作的状态。也就是说，能让人带着极高的临场感进行操纵的才是远程临场。远程临场追求的同样是拥有主观等价的现实感的世界，无论多远处的环境，都能在眼前重现。

《詹伯 A》

根据馆暲先生的论文所述，对远程临场而言能称得上划时代作品的，当属《奥特曼》系列中由圆谷制作 [①] 担任原作、内山守作画的漫画《詹伯 A》了。1973 年，圆谷制作又制作并播出了这部作品的特摄电视剧。

---

① 圆谷制作是日本的一家独立系影像制作公司，由特技摄影导演圆谷英二于 1963 年创建。工作室最出名的作品是《奥特曼》系列。——译者注

重点在于，男主角真一是一名完全没有接受过机器人操纵训练的少年。在设定真一应该如何启动巨型机器人"詹伯A"的过程中，诞生了通过捕捉真一的动作进行操作的方法。在漫画的剧情里，真一在操纵"詹伯A"时，眼中所看到的是与"詹伯A"所看到的相同的世界。例如，他通过"詹伯A"见到一个女孩被怪兽袭击，在强烈的现实感冲击之下，他不由得大喊"危险"，并下意识地进行了操纵。

在产业技术综合研究所的网站上，可以阅读馆暲先生的论文《科幻与科技之中远程临场型机器人操作系统的历史——詹伯A与其后的发展》，推荐感兴趣的读者去看一看。

之后，馆暲先生在1989年开发出了远程临场的实验机器人——人形机器人"TELESAR"。这个机器人安装有立体相机和麦克风，人在戴上头戴式显示器后，只要面向想看的方位或想听的方位，机器人就会有同步动作。它的躯干可以通过扭转腰部来实现转身，手腕也可以自由转动。

因为能通过自身肢体的活动进行操作，所以无须练习，普通人就能让TELESAR完成诸如抬起箱子或将棍棒插入孔洞之中的任务。即使人身在远方，也可以获得身临其境的感觉。还记得我第一次操作TELESAR时，也被它无须学习就能直接上手的简便而深深震撼。之后，TELESAR又陆续经过多次改进，最新的型号TELESAR 5甚至能通过设置在手部的传感器，令操作者感知TELESAR所接触的物体的形状、硬度和温度等。

　　另外，在《周刊少年 JUMP》上连载的以美食为主题的战斗漫画《美食的俘虏》中，出现过一种"GT 机器人"，其全称为 Gourmet Telexistence Robot。漫画中还提及了馆暲先生的名字。这种机器人不仅能传递视觉、触觉和听觉，还能将嗅觉和味觉也忠实地传递给操纵者。尽管在现实的研究中，想要实现嗅觉和味觉的模拟还有很长的路要走，但远程临场的概念早已被运用到漫画之中。

"铁人 28 号"仅靠两根摇杆就能启动？

　　有没有什么方法，能用类似于无线电遥控器的摇杆就完美操纵的机器人呢？将这个想法化为现实的，是在大阪大学研究机器人工程学及人机关系的前田太郎教授。前田先生同时也是前述《詹伯 A》论文的共同作者。

　　不知大家是否还记得，横山光辉的《铁人 28 号》中的男主角正太郎在操纵巨型机器人"铁人 28 号"时用的是什么样的遥控器。仅仅是两根摇杆而已。所有人都会认为，这样的摇杆根本就不可能启动得了机器人吧？但前田先生研究的正是如何仅靠两根摇杆就启动机器人。他将这个项目命名为"意图控制"。

　　那么，为了自如地操纵机器人，该如何运用这两根摇杆呢？想要在对自身实施防御的同时，接近敌人并将对方击倒，我们通常的思路都是模仿格斗游戏。

然而，前田先生的"意图控制"采用的却是相反的机制，不需要人主动记忆操作方法，而是让电脑记住使用者的操作方法。具体流程如下：

首先，配合机器人的动作，假装是自己正在操纵机器人，怀着这样的"意图"去移动摇杆；然后，让电脑测定并学习使用者在配合机器人抬腕、出拳、抬腿、扭身等动作时，是如何上下左右地移动摇杆的，在完成相应动作时又是如何施加力量的。虽然这种学习也需要使用者先进行调试，但只要将输入和输出一一关联，就能让机器人完成更为复杂的动作。

"意图控制"是一种让机器人学习与人类肢体互动的全新方法。这种方法异于模拟主观等价的远程临场，大概应该归属于探索人类与机械之间关系的研究。

肢体脱离的尝试

我第一次体验远程临场，还是在研究生阶段去馆暲先生的实验室拜访时的事。戴上头戴式显示器后，最先令我感到惊讶的一点是，屏幕上显示的远程机器人的画面居然不是立体的。不过再仔细一想，我们日常所看到的现实世界的立体感，其实并没有像电影院或博物馆为了震住观众而刻意构建的 3D 视频那么"立体化"。从这个角度而言，远程临场系统正确地重现了我们日常所见的适度立体感。

接下来，我想要低头看看双手，远程机器人也同步这一动作。然后我就看到了一双机械臂，与远程机器人通过摄像头所见的视角一致，这真是有种自己变成机器人的感觉。仅仅用了 30 秒，我就已经能自由操纵机器人，完成拿起桌上的积木之类的动作了。我玩了一会儿堆积木，感觉有些腻了，于是抬头望向房间四周，结果眼中出现了一个熟悉的背影。好一会儿我才反应过来，这不就是我自己吗？真是被吓了一大跳！

在经历如此刺激的体验之前，我一直对自己的意识存在于肢体之中这一点深信不疑，但此刻，我的这一观点却动摇了。就像遭遇了意识脱离肉体的"灵魂出窍"一般，我感觉自己的意识移动到了远程机器人所在的位置。

近些年来，令人类的现实感超脱于肢体之外的技术并不仅仅局限于"远程临场"概念，其他各种研究也都在进行。在本书中，我想使用"肢体脱离"这个词，来表达将意识抽离人类身体的含义。接下来，我就来介绍几种同样可用于远程临场的肢体脱离的尝试吧。

出于对滑雪的喜好，东京工业大学的长谷川晶一先生开始研究能否使用第三方视角（third person view）以避免滑雪时滑倒。首先，滑雪者需要在背上竖一根长杆，在杆顶安装实时录像的摄像头，然后戴上头戴式显示器，再开始滑雪。

我有幸体验了一番。虽然这个装置的结构很简单，不过以第三方视角观看自己滑雪时的身姿，真是一种灵魂出窍般的全新体验。跟我们玩赛车游戏时，以驾驶员后上方视角进行操作的感觉一模一样。

在练习芭蕾或其他舞蹈时，我们通常都要在镜子前进行。同理，只要能在滑雪的同时观察自己的身体，滑雪者就可以及时发现姿势的优缺点，并加以改正，实时调整自己身体的动作和姿势。

日产等汽车厂商所使用的"全景监视器"（around view monitor）也运用了同样的原理。该技术模拟从车厢正上方拍摄所得的影像，帮助驾驶者确认周围的状况并辅助其倒车。有了这样的上帝视角，驾驶者就能察觉到位于驾驶室视线死角的障碍物了。

为了实现全景监视，车厢的前后左右四个角上都被安装了广角摄像头，然后利用软件对这四处的影像进行合成处理，进而生成了从正上方俯视的影像。在诸如侧方停车等需要同时确认前后方间距的时候，这个系统真是让人感觉特别方便。

从无人机的视角进行操作

人类增强研究的先锋、东京大学的历本纯一先生则试图利用小型无人机来实现与长谷川先生的"第三方视角滑雪"类似的尝试。

他尚在开发的"飞翔之眼"（flying eyes），原理是在紧随自己后上方位置的自主飞行无人机上安装摄像头，然后通过头戴式显示器观察该视角下自己的背影。如此，运动的人就能在马拉松长跑时代入第三方视角了。这个想法与长谷川先生的想法如出一辙。

近年来，还出现了一种通过头戴式显示器监控无人机实时拍摄的画面并操纵无人机的竞技运动——"无人机极限挑战赛"（Drone Impact Challenge）。颇具临场感的视角，让人在操纵无人机时获得了强烈的冲击感，不过在无人机高速飞行时的操纵可并不简单。这种利用虚拟现实创造全新现实感的尝试十分有趣。

利用无人机进行拍摄，开创了无数全新的可能性，历本先生的研究如今正在开花结果。另一项研究"飞翔之首"（flying head）尝试将使用者移动头部的动作与无人机的动作进行同步。例如，使用者转头，无人机就会同步旋转；使用者低头，无人机也会下降相应的高度。如此，使用者就会觉得自己成了与无人机同步的另一种存在。或许过不了多久，我们就能利用"飞翔之首"轻松体验到悬浮于半空的乐趣，就像是戴上了《哆啦A梦》的秘密道具"竹蜻蜓"。

随着此类研究进一步发展，在急需专业技术人士的救灾或医疗现场，我们就可从远程进行作业或处理以代替亲自到场。而且这个操作体验本身还具备了趣味性，可广泛应用于体育训练、复健等各种场合。有一种与历本先生的研究原理相似的"海底洞窟"（aqua cave）游戏，它是一个可供人游泳的水箱，四周设置了投影仪，并以水箱壁作为幕布投影。人戴上作为液晶快门眼镜①的泳镜，就能一边游泳，一边欣赏视野开阔的 3D 影像。通过在水箱壁上投影海底或宇宙的画面，或许就能让游泳者在平时早已看厌的泳池里超常发挥了。又或者在泳池底部设置装有摄像头和显示器的移动机器人，从而让游泳者能随时确认自己的泳姿，这样的系统也正在研发过程中。

随着视角而变化的世界

这类易于上手的头戴式显示器的问世，让我们能方便地从各种视角观察世界。之前笔者已经介绍了在无人机上安装摄像头的例子，其实，在赛车上安装摄像头，然后以类似电子游戏的视角进行操作，同样是可行的。比起以人类的身高观察赛车并进行操作（远程操作），将意识抽离至赛车手的视角进行操作（远程临场）时，速度感更是无与伦比，操作的困难程度也陡然提升。不少人小时候都有过趴在平板推车上，叫人从背后推着玩的经历吧？这种赛车游戏的速度感就与此类似。仅仅只是视角高低的改变，就能使人类对现实的感知方式发生翻天覆地的变化。

在 2001 年美国发生的 911 恐怖事件及 2011 年日本发生的福岛

---

① 一种利用液晶画面快速刷新来实现 3D 效果的眼镜。——译者注

第一核电站事故中，为了救人和搜索核反应堆，政府曾启用一种名叫"PackBot"的远程操作小型机器人。PackBot将摄像头安装在几近地表的位置，操纵的难度可想而知。想要探索到被瓦砾掩埋的幸存者，需要操纵者具有极高的熟练度。针对这一点，我们开发了一种能将此类小型机器人的摄像头所拍摄的影像转换成更易于操纵的第三方视角画面的系统，该系统能大幅度改善小型机器人的可操作性。

由筑波大学的学生制作的"童年"（Childhood），也是一个利用头戴式显示器改变视角高低的VR作品。该作品十分简单，就是在成年人腰部的皮带附近位置安装一对可动摄像头，并将儿童视角的影像传送到头戴式显示器中。不单只有视觉，为了模拟儿童接触物体时的触觉及拿起物体时的力度，使用者还要在手掌和指尖覆盖有碍行动的外骨骼，真实再现了无法利索地抓起水果或杯子等物品的感觉，实现了让成人透过儿童的感知观察世界的初衷。

体验过"童年"，就会发现它真是一个不可思议的作品。使用者在想跟人对话时，就会发现对方的头处在比自己高得多的位置上，自己简直像是被巨人包围，难以开口。想站上自动扶梯，却发现阶梯是那么高，速度是那么快，让人回想起很小的时候每一次搭乘自动扶梯时小心脏怦怦乱跳的感觉。在所有物体都变大了这一点上，这个作品的效果与美国超级英雄电影《蚁人》里男主角眼中的世界差不多。桌子、椅子、电梯按钮、自动扶梯……这些平时成年人根本不会留意的东西，以孩子的视角来看，居然都处在那么高的位置上。作品"童年"在日本虚拟现实协会于 2014 年举办的"国际学生虚拟现实对抗赛"上荣获总冠军。

利用头戴式显示器体验过另一种现实感之后就会发现，我们的肢体被调整成了能够在人眼所处位置的环境之中自如活动而不会感到不适的状态，我们早已"用惯了"自己天生的肢体。

令现实产生偏移的 SR 系统

还有一种研究，不是为了令人类在不同的位置上实时存在，而是令其在时间轴上产生偏移。这就是上一章中提到的大脑功能研究者藤井直敬先生所提出的"替代现实系统"。

首先，将体验者从进屋到坐下为止的影像，用与视线等高的全景相机（panoramic camera）拍摄下来。然后，让体验者戴上头戴式显示器就座。接下来，把当前的直播影像与之前的录像适时切换，混杂着显示在体验者的头戴式显示器上。这么一来，体验者就会从头戴式显示器中同时观看到当前的影像和过去的影像，耳机中也会同时传来两种声音，过不了多久，体验者就分不清哪个才是现实了。面对着 10 分钟前刚进入实验室的自己，确实会令人产生错觉。之所以将这个系统取名为"替代现实"，就是因为现实世界能被预先准备的"现实"所替代。

像这样装备着头戴式显示器，将视频影像与其他影像进行组合，在现实世界中构建虚拟空间的技术，叫作视频透视（video see-through）技术，该技术还可用于构建混合现实等系统。这项实验的关键或许就在于使用的不是光学透视，而是视频透视。

光学透视是指借助半反射镜等光学手段，将虚拟物体投射到现实世界之中的方法。与利用视频透视进行合成相比，这种方法可以获得更强烈的现实感。另外，视频透视需要用摄像头先进行一次拍摄，然后通过媒介转换为影像，所以现实的分辨率也会降低。不过，SR系统的关键应该恰恰就在于利用视频透视使得现实的分辨率降低，从而得以插入作为替代的现实吧？正因为降低了现实的分辨率，所以体验者才无法区分现实和虚拟。

如此看来，虚拟现实的研究目标在于提高电脑生成的类似于主观等价的人造世界的分辨率，而替代现实的优点或许恰恰在于它的逆向思维。电信诈骗之所以会得逞，是因为它以音质远不如现实的电话作为媒介，而在面对面交谈时人们是不太会上当的。这可能就跟SR系统的体验差不多吧。

SR系统的厉害之处在于，几乎所有人在体验完后都会忍不住问一句："现在这个世界确实是现实世界了吧？"体验之后，人们对现实世界的感受将会下降，变得缺乏现实感，真是一场特别的体验。长崎的豪斯登堡主题公园有世界首创的SR恐怖游乐项目"噩梦实验室"，可供人体验SR系统，作为一项消遣去体验一下也很不错。

现实与虚拟交织

替代现实是在时间轴上产生偏移，对于这一点，我们或许也能理解为是对现实感的流逝进行了编辑。在 SR 中记录下来的影像，说白了就是信息化之后的世界。以往诸多 VR 系统对于现实和虚拟的区分采取的都是"非 0 即 1"的一刀切做法，相比之下，SR 系统给人的感觉却是在现实（现在）与虚拟（过去）之间，或许还存在着可供导演与设计的余地。基于相同的考量，藤井先生还进行了在 SR 系统中将体验者的肢体影像处理为半透明再进行叠加的实验，甚至能让体验者就算看到自己的双手，依然分不清眼前到底是现实世界还是虚拟世界。

从上述事例可以看出，我们通过巧妙运用头戴式显示器实现远程临场的概念，让人类的意识从肉体中获得了空间上的解放，由此实现了千奇百怪的肢体脱离方法。如今还出现了 SR 系统这样能让意识获得时间上的解放的研究，一片全新的天地正在我们眼前展开。

由此可见，如果以物质形式存在的人类躯体与现实感也能像这样渗透到数字信息空间中去的话，那么可变性、复制性、传输性、检索性和保存性这些信息化特征，或许也将对人类的身体产生影响。3D 扫描和 3D 打印可以被看作能将物体转变为信息并以光速移动的技术，那么，我们对人类的身体是否也能如此操作呢？等到人体也可以被视为数据的那一天，人类和人类社会又将会变成什么样呢？

就让我们在下一章中再详细讨论吧。

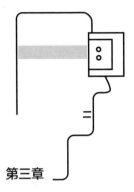

第三章

对后肢体社会的思考

· · · · · · · ·

1

为什么要把机器人做成人形？
——分身机器人与人形机器人

谷歌在机器人领域的地位与日俱增

在第一章中，我们通过介绍增强肢体的实际案例，整理了其从弥补到增强的发展历程，还探索了大脑运用工具时肢体所产生的呼应，以及肢体的边界该划分于何处。

在第二章中，我们认识到肢体和五感作为人与外界的交互界面，承担了连接双方的职责，进而思考了作为感官增强技术的虚拟现实及用于肢体脱离的远程临场的可能性。

在接下来的第三章中，我们首先要探讨当人类能脱离肢体时，作为人类的分身，机器人将被如何定位，并将针对人形机器人展开思考。

其次，我们将探索彻底替代肢体的所谓"变身"以及多人共用一具肢体的所谓"肢体融合"或"合体"等多种肢体存在方式。在此基础上，我还将尽情发挥自己的想象力，思考后肢体社会将会发生什么。

在探讨作为分身的机器人之前，我想先介绍以下这个案例。

2015 年 6 月，在美国洛杉矶近郊举行了一场抢险救灾机器人的能力竞赛——"DARPA 机器人挑战赛"（DARPA Robotics Challenge）。比赛的主办方是专门研究和开发军事技术的美国国防高级研究计划局（Defense Advanced Research Projects Agency，DARPA）。

决赛中，主办方假设了一片类似核电站事故这样人类无法靠近的灾害现场，给机器人布置了包括驾驶汽车、开关阀门在内的 8 项作业任务，任务的时间限制为 1 小时，冠军奖金高达 200 万美元。

在来自日本的参赛队伍中，东京大学和产业技术综合研究所等 5 支队伍进入了决赛。尽管日本曾被称为机器人强国，在机器人研发方面一度处于世界领先地位，但在这次比赛中，获得冠军的却是韩国的队伍"KAIST 队"，日本队获得的最高名次只有第 10 名。这样的比赛成绩可谓惨不忍睹。

其实，有一家日本队伍在预选赛中获得了第一，但它却放弃了决赛的参赛权。那就是以东京大学的研究者为中心成立的初创公司 SCHAFT。这家公司在 2013 年年末被谷歌收购，如今属于谷歌旗下。另外，这家企业的创始人似乎还是日本机器人动画《机动警察》的超级粉丝，公司名可能就是受到了该作品中虚构的企业"Schaft

Enterprise"的影响。

除 SCHAFT 之外，谷歌还陆续收购了波士顿动力公司（Boston Dynamics）等多家知名机器人初创企业，在机器人开发领域的地位逐年提高。谷歌的联合创始人兼 CEO 拉里·佩奇（Larry Page）也观看了 DARPA 机器人挑战赛的决赛，充分体现出了谷歌在机器人事业方面开疆拓土的豪情壮志。

SCHAFT 曾在 2013 年的 DARPA 机器人挑战赛中击败了包括美国国家航空航天局在内的 15 支强队，一举夺魁。我还清晰地记得，当谷歌收购该公司时，日本各大媒体都曾热烈探讨过"该不该让日本的工程师流失到美国"。说实在的，我也曾因为自己尊敬的机器人工程师加入谷歌而深受打击。但就像活跃于世界体坛的运动员一样，一流的工程师也肩负着向全世界传播本国技术文化的重大使命。日本应该建立起不输给谷歌、能吸引全世界优秀工程师切磋交流的研发环境，这才是积极正面的应对措施。日本要让工程师的培养速度超过外流速度。

虚构作品中的人形机器人

在这个比赛中，我发现了一个不可思议的现象：包括 SCHAFT 的机器人在内，参加 DARPA 机器人挑战赛的机器人大多都被设计成"人形"。比赛并不存在"非人形机器人不得参赛"之类的规则，4只脚也行，N只手也行，但结果，参赛的所有机器人全都是人形。那么所谓的人形到底指的是什么模样呢？

说起机器人，我们首先想到的肯定是手冢治虫的漫画《铁臂阿童木》里的机器人阿童木。阿童木有一对手脚，一个脑袋，在地上用双脚直立行走。他有着和人相同的面孔，乍一看与人没什么不同。再来看看《哆啦A梦》，哆啦A梦是来自22世纪的猫型机器人，在左右双颊上像猫咪一样各长了3根胡子，它也是用双脚行走的，还说着和人类相同的语言，也可以说它是人形吧。

《新世纪福音战士》中登场的架空兵器"通用人形决战兵器·人造人EVA"，听名字应该是人形的，但它从尺寸到外观，怎么都看不出个"人"样，让人实在搞不懂它凭什么自称"通用"。

那么，如果像《终结者2》中登场的"T-1000"那样，由可以自由变形的液态金属制成的机器人呢？且不论其材质和中途形态，只要最终外表是人，那就应该算是人形吧。

"机器人"这个词来自捷克作家卡雷尔·恰佩克（Karel Capek）在1920年创作的戏剧《罗梭的万能工人》。这部作品描写了人类将所有工作都推给机器人后自甘堕落，最终因为机器人叛乱而灭亡的故事。严格说来，《罗梭的万能工人》中的机器人更接近于傀儡类的生化生物，将它作为机器人的词源，与这个词今天的含义多少有些区别，不过这种说法却流传甚广。在那个只有工厂专用机械的年代，无所不能的人形万能机器人的概念就已经明确了，可谓相当有趣。

另外，1927 年上映的由弗里茨·朗（Fritz Lang）导演的《大都会》，虽然只是黑白默片，却被视为科幻电影黎明期的经典之作。在这部电影中，有一台名叫玛丽亚的人形机器人作为仿真人（android）登场。远在日本的漫画和动画之前，各式各样的人形机器人就已经出现了。

人形机器人的意义

倘若只是为了能在崎岖的地面上行走，那么把机器人做成像是动画《攻壳机动队》里的"攻壳车"那样用四肢站立的昆虫形也不错吧？想要让机器人用双足行走，需要高超的控制技术，反倒是四脚着地的昆虫形要稳得多。如今的 DARPA 机器人挑战赛甚至会专门制作机器人摔跤的搞笑视频集锦，足可见双足行走有多么不稳定，还有待进一步研发。

双足行走的能源利用效率更高吗？事实并非如此。步行、骑自行车和坐飞机中，能源利用效率最高的绝对是骑自行车。以肌肉为驱动器，通过车轮转化为动力的自行车，效率明显超过其余二者。正如有个词语叫"重造轮子"①，轮子就是这样完美的一种东西。从马车到大卡车

---

① 指的是重新创造一个已有的或是早已被优化的基本方法，这个词常出现在软件开发或其他工程领域中。轮子自从被发明后，在使用上没有太大的缺陷，足以应付多数需求，原则上后人只需要直接应用即可，重新发明一次轮子不但没有意义、浪费时间，还会分散研究者的资源，使其无法投入更有意义及价值的工作中去。——译者注

再到小轿车，车轮这种能够无限旋转的结构，可以说是相当伟大的发明。

但是，车轮必须在平整的道路上才能前进。在欧洲，对所铺设道路进行保养的历史，可以追溯到马车刚发明的时候，远早于20世纪机动车的出现。我们之所以把机器人做成人形，不用轮胎而用双脚行走，正是为了适应移动时的环境。如果把世界各国正在进行实用化开发的无人驾驶汽车也当作行驶于道路上的机器人，那么对于这些活动的范围仅限于铺设好的道路之上的机器人来说，最好还是采用车轮活动。

位于石川县和仓温泉的旅馆"加贺屋"，为了增加服务员接待客人的时间，选择用机器人平板车从厨房向各层楼运送餐食。我也去那儿参观过，这辆平板车沿着铺设了轨道的专门通道，乘坐自动运行的电梯上下楼。也就是说，旅馆的主人给机器人建了专用道路。

然而，人类希望机器人的活动范围不被局限于路面上。为了方便直立行走的人类，我们周遭尽是楼梯和门扉，生活空间中存在着许多可以在步行过程中跨越的高低差。尽管如今全社会都为了照顾轮椅使用者而努力推广无障碍设施，但人的行动范围里仍免不了存在障碍物。仅仅像扫地机那样避开地板上的障碍物还不够，机器人还要时不时上下楼梯。就像DARPA机器人挑战赛出的考题，机器人最好能在危险的灾害现场化作人类的"分身"展开行动。因此，将机器人做成人形也就成了一种必然。

DARPA机器人挑战赛的考题还包括让机器人在人类工场的环境中完成作业任务。为了像人类一样驾驶车辆，机器人至少需要能踩到油门和刹车的脚以及能握住方向盘的手。想要开门，就得先握住门把手；想要开关阀门，就得以合适的力道将其握住并旋转。如果在比赛中不把机器人做成人形，想必就无法在适合人类活动的环境中完成指定的任务。

机器人与环境的相互作用

也就是说，把机器人做成"人形"的理由之一，就在于机器人执行任务时所处的环境其实是迁就人类的体型建造起来的。衣服、桌椅、杯子、卡片、开关、门窗、手机、汽车……大家眼中的这个世界，全都是为了方便人类这种"人形"生物才如此设计的。

如果出现了某种新形态的机器人，人们就必须重新设计一套机器人能够适应的全新环境。这可是一项大型任务，既耗时又耗资源。

换句话说，开发人员在考虑该把机器人做成什么样子的时候，首先必须考虑的就是人类与环境的关系。基于人体工学，椅子的设计理念就是让人能坐得舒服，但当人们在看到木桩的时候，也能把它当成凳子坐一下。所以，人类眼中的环境可不局限于人造产品。

美国知觉心理学家詹姆斯·J. 吉布森（James J. Gibson）根据意为"给予、提供"的英语单词"afford"，造出了一个新词"affordance"，含义为"环境给予人类的东西"。吉布森的思路对唐纳德·诺曼（Donald Norman）等人的设计认知心理学研究造成了巨大的影响，而有关

"affordance"的探讨同样适用于机器人。人类与周遭环境之间，时刻都在通过人体所具备的五感和运动等形式的过滤器相互作用，同样，机器人与环境之间也必然会发生相互作用。

话说回来，这就好比车轮与道路之间的关系，想从环境着手改善是很困难的。如果设计的是仅仅在某个特定范围内执行任务的机器人倒还好办，但若想提高机器人的通用性，就必须选择可作为分身的人形机器人。

"AIBO"胜出的理由？

那么，除了用作远程临场的分身机器人，其他搭载了人工智能的机器人是否也必须做成人形呢？

在思考这个问题的时候，我们可以参考索尼在1996—2006年出售的犬形宠物机器人AIBO。在索尼决定终止生产这种机器人并停止售后服务之后，悲伤的机器人主人居然去寺庙将AIBO供奉了起来。这件事甚至传到海外，在媒体上引起了轰动。能受到如此宠爱本身固然很了不起，但我觉得，犬形的外表才是其获得成功的主要原因。AIBO上市时的定价十分低廉，与其市场定位相匹配，所以它并未采用什么高端的人工智能技术。但是，只有在面对人形机器人时，我们才会期待它的智能能与人类媲美，一旦人形机器人违背了这份期望，我们就会感到别扭。

东京工业大学的名誉教授森政弘先生提出过一个世界知名的假说——"恐怖谷效应"。如果机器人的外表和人类几乎完全一致，就会让人感觉亲切；如果外形像动画角色那样一眼就能看出和人的区别，也能让人感到亲切。如果机器人有点儿像人但又不完全像，反倒会令人感到毛骨悚然。

这种现象并不仅限于机器人的造型，在机器人的动作和外表漏洞百出时，我们同样会这样觉得。动物机器人只要大体像只动物，我们就不会觉得它有什么诡异的地方。但如果人形机器人的动作像动物，我们就会觉得非常诡异了。既然做成了人形，就必须"有个人样"。故而机器人的外表不单只是种装饰，还应当被视作一项重要的功能。

或许正因为如此，外表像只小狗，并且也恰如任性的宠物般不听指挥的 AIBO 才会让人觉得可爱，从而能与主人培养出亲密的感情。而且，或许是为了避免购买者误以为 AIBO 的反应能力可以媲美犬类，SONY 甚至不以"犬形机器人"来称呼 AIBO。想到这里，我不由赞叹，当时的工程师和设计师在设计 AIBO 时对于应当将技术运用到何种程度有着犀利的见解，真是太厉害了。

软银（Softbank）的机器人"Pepper"虽然是人型，但体型却只有小孩子那么高。或许这样，人们就不会期待它的智能可以达到成年人水平了，不过多少也会要求它能达到小孩子的程度吧。既然是人型，肯定得用语言和手势进行交流。这么一想，Pepper 在街头服务来逛店的客户，也就显得恰如其分了。

人形的优点

人类已经习惯了本身的身姿形态，对此业界早有研究。产业技术综合研究所进行过一项实验，在地上设置测力板，检测人类步行时每一步的间隔和轻重等特征，据此推断行走的人是谁。结果表明，只要考察地面的反作用力，就可以把猜测的对象缩小到一定的范围内。虽然受到总体①大小的影响，不过至少在家庭、学校或公司这样的小集团内部，步行特征足以代替指纹，用于身份识别。

听到走廊里传来家人的脚步声时，我们往往会立刻知道"是某某回来了"，这并不是瞎猜。有时，我们能隔着老远就认出朋友的身影。人的行走步态看似相近，但其实大相径庭——身高和体重各不相同，各年龄段的肌肉量也有所差异。我们区分谁是谁，凭借的可不仅仅是脸型、体型等静态外观。我们不仅能通过静态的肢体特征认人，还能通过肢体的运动特征认人。

从这个角度来看，比起用轮胎滑行的机器人，用双足走路、会发出脚步声的机器人更容易被人注意到，从而更让人有安全感。哆啦A

---

① 在统计学中指由许多有某种共同性质的事物组成的集合。——译者注

梦有这样一个设定：它原本具备悬浮于地面数厘米的"扁平足"功能，但后来损坏了，于是走路就会发出脚步声。考虑到哆啦 A 梦是与人类共同生活的机器人，这样的解释还蛮可信的。

早稻田大学的松丸隆文等人研究发现，人形机器人在递重物给人类时，最好能先做出一副不堪重负的姿态再递过去。我们从别人手中接过东西时，在接触之前，会先下意识地观察对方的表情和动作，从而获得"很重"或"很烫"之类的物品信息。如果把机器人做成人形，就要向人类传达类似的非语言信息。

对人类而言，将机器人做成人形的好处还不止这些。例如，能更方便地教导机器人"应该怎么做"。关于这一点，可以参考柳原望的漫画《小圆奇遇记》。书里的"小圆"就是一台人形机器人，这部漫画设想了机器人出现在人类生活中时将会发生些什么。这部漫画不但能作为科学研究的重要参考，而且是一部令人身心放松的喜剧。

看点在于，人类要让小圆学会某件事应该怎样做。无论是想让它站在厨房做饭还是进行大扫除，你都必须先亲自做一遍给它看。小圆会忠实地重复你的动作，无须对其行为进行编程，这方便了人类的输入。如果换成四脚或犬形机器人，我们恐怕就没办法采用相同的方法了。只要把想让机器人做的事演示一遍，就能教会它——从这个角度来看，把机器人做成人形的确更方便沟通。

用惯了的人形肢体

采用这种输入方法的机器人的实际例子，还包括 Rethink Robotics 公司的工业机器人"Baxter"。它是 MIT 机器工程师罗德尼·布鲁克斯（Rodney Brooks）开发的产品，布鲁克斯因发明全自动扫地机器人"Roomba"而闻名。

Baxter 是模仿人类上半身的机器人，想教它做什么事的时候，只要"做给它看"就行了。以往，人们必须使用一种类似于遥控器的"手持示教器"（teaching pendant）来输入指令，或是通过编程来指导其行为。总之，就是得先将动作翻译成某种指令。相比之下，直接让机器人模仿人体动作来输入可就简单多了。机器人甚至可以通过脸部表情来反馈工作状况，这降低了交流的门槛，也属于参与人类共同作业的人形机器人所独有的特征。

上一章里介绍的远程临场，大多也是使用了人形机器人。大家应该还记得我第一次在馆暲先生的实验室搭乘 TELESAR 时的经历吧？正因为 TELESAR 是人形分身机器人，与我用惯了的肢体相同，所以我无须另外学习，立刻就能操作它。倘若换成犬型或鸟型，我就必须先熟悉全新的操作方式才行。我们自从出生到现在，一直都操纵着人形的身体，早已习惯了这一切。

作为讲述人形机器人交互界面的电影，我想介绍的是美国在 2011 年上映的科幻动作片《铁甲钢拳》。这是一部讲述机器人格斗的电影，剧情暂且不提，就说片中大量出现的凭空悬腕操作或是摇杆操作等各

Rethink Robotics 公司的 Baxter

种机器人操作界面，全都是我们在研究中会用到的。其中值得注意的是这样一个设定：采用完全照搬人类动作的操作模式，可以如实发挥出专业拳击手的强大力量。这部电影表面上讲述的是机器人的故事，但对于思考人的肢体与交互界面却十分具有启发性，希望大家能站在这个角度观看此片。

机器人驾驶汽车

那么我又要问了，是否有必要将所有机器人都做成人形？美国科幻作家罗伯特·海因莱因在1956年发表了一篇科幻小说《进入盛夏之门》，其中出现了一台人形家用机器人，它能和另一只可爱的猫咪机器人一起完成打扫卫生等家务。虽然故事里是用人形机器人来代替佣人，但我们在实际生活中真的必须选择使用扫帚或吸尘器的人形机器人吗？倒也不见得。在距离海因莱因的小说发表已经过去60年的今天，扫地机器人就是以Roomba为代表的圆盘形机器人，它能够毫无障碍地在地板上移动。所以对于是否有必要特意开发能使用扫帚的人形机器人这个问题，答案是否定的。

未来，我们将如何使用机器人？从故事的背景设定这一角度而言，非看不可的电影我觉得当数由阿诺·施瓦辛格（Arnold Schwarzenegger）主演的美国科幻片《全面回忆》。这部电影的设定是人类已经移居火星，其中出现了不少有趣的场景，例如出租车的驾驶员是人形机器人。

20世纪80年代播出的电视剧《霹雳游侠》是一部十分对我胃口的美剧。剧中，帮助男主角迈克尔·奈特（Michael Knight）解决案件的搭档，是他的座驾跑车"奈特2000"所搭载的人工智能"基特"（KITT）。东京工业大学名誉教授广濑茂雄先生也曾指出，以《全面回忆》的拍摄年代来看，就算电影中出现无人驾驶汽车也毫不稀奇，根本没必要刻意让人形机器人来当司机。

那么，在什么情况下才应该考虑人形机器人呢？难点或许在于，该如何区分哪些问题是依托机器人以外的其他技术的正常发展就能解决的，而哪些问题则最好交给机器人来完成。在海因莱因的年代，做饭、洗衣也许都只能依靠人工完成，但如今，早已有了全自动的电饭煲和洗衣机。

科幻作品往往存在某种执着于人形机器人的倾向，所以我们不妨试着在人形机器人出场时好好想想它究竟有没有必要，这会相当有趣。

透明机器人

就算没有真实的人形机器人，我们或许还能基于虚拟现实的"主观等价"，通过推动外部环境所使用的系统，创造出虚拟的人形机器人。

想象一下由一个透明人担任管家的场景吧。你一到家，大门就自动解锁并开启，屋里亮起了灯光。你感到肚子饿时，吐司已经烤好了。此刻，钢琴开始自动演奏，提供令人放松的环境。像这样创造出一个虽然看不见，但仿佛就像有一个透明机器人存在的环境，在技术上几乎已不存在障碍。如今，已经出现了一种通过互联网连接各种物品的物联网，它能让物品自动运行，就好像有一个机器人在控制一样。将电脑融入生活和社会的每个角落，也可以称之为"普适计算"（ubiquitous computing），总有一天，我们能让生活的方方面面都实现智能化。

例如，通过手机开关的智能门锁，就可以被看作是钥匙这种实物虚拟化和透明化的产物。墙纸也可以变成虚拟的，只要使用计算机动画绘图，家里就无须再更换墙纸了。或许将来，就连家用电器也能透明化。台灯的用途在于小范围照明，电风扇是为了降温，扫地机可以保持地面清洁，但是作为实现这些目的的手段，其实我们并没必要维持如今这些电器的外形。有关此类透明物品的交互作用，在与我共同研究的明治大学渡边惠太先生所著的《融入式设计：硬件 × 软件 × 网络时代的全新设计理论》一书中有详细的阐述。

或许有一天，我们将借助 AR 眼镜，与居住在智能生活空间之中的现代化幽灵"座敷童子"①进行交易，未来很有可能诞生日本动画《电脑线圈》中所描绘的大黑市那样的场景。

以上，我们已经讨论了分身机器人和人形机器人。从肢体脱离到分身，我们已经逐渐产生了离开自己身体的倾向，那么在下一节中，我们将探讨所谓的"变身"问题——彻底转变为非自身的肢体。

---

① 日本民间传说中的一种妖怪，长得像五六岁的孩子，住在有年代的老宅子里，据说其会为所在的家庭带来幸运。——译者

2

在他人的肢体中存在？

——从分身到变身

依靠复制机器人生存

如果说电影《黑客帝国》三部曲讲述的是赛博空间虚拟现实，那么讲述远程临场虚拟现实的电影代表作当属 2009 年在美国上映的由布鲁斯·威利斯（Bruce Willis）主演的《未来战警》了。机器人研究者金出武雄先生、石黑浩先生以及与其神似的仿真机器人都在影片的开头客串出演，这在研究者之间传为美谈。

《未来战警》刻画了一个人人都能利用远程临场技术从远处操纵作为分身的机器人的世界。在藤子·F. 不二雄的动画《飞人》里，复制机器人只要一按鼻子就能变得和本尊一模一样，此片中的代理人却并不拘泥于本人的样貌。剧中的人们即使上了年纪，也可以通过拥有另一具身体（机器人）来维持肉体的年轻，真是充满微妙的现实感。

"分人"与互联网

那么，到底存不存在所谓"真正的自己"？"个人"这一概念是否还能被分成更小的单位？作家平野启一郎先生在《我是谁：从"个人"到"分人"》一书中，提出了"分人"的概念，并探讨了人类是否拥有多张面孔。

在公司或学校发言的自己，找亲友谈天的自己，与家人沟通的自己，向恋人倾诉的自己……不同场合下的"自己"，无论遣词造句还是说话时的表情、语调全都大相径庭，根本无从比较。仔细想想，或许还真是如此。自从互联网普及之后，各种社交媒体竞相登场，很明显，自我被划分成了许多个"自我"。在这种情况下，自我就不再存在于肢体之中，而是存在于面对他人的"分人"和他人面对自己的"分人"二者的互动之中。

从时间的角度来看待这个问题也颇为有趣。随着时间的流逝，人们时刻都在发生着变化，而每一刻的形象都被各种互联网媒体如实地记录了下来。

说到意识与肢体的关系，我们可以试着回想一下走在路上不小心摔了一跤时的心理变化：我们在摔倒的瞬间，首先是被吓到，接下来的 5 秒或 10 秒后疼得受不了，开始懊恼为什么会摔倒，负面情绪不断产生。但随着时间的流逝，在 1 分钟、10 分钟或者 1 小时之后我们就会逐渐忘却这些情绪，恢复到最初的状态。我们每时每刻所处的状况都不相同，那么与之相应的，我们对待周遭事物的态度和内心的状态也会有所改变。

在不同的互联网媒体上也是一样。例如，在我们随着视频播放发送弹幕时，如果不能及时把弹幕发出去，视频就会播过头，所以发送弹幕的人必须在极短的时间内完成输入。换成发推特，发送时间就变成了以分钟为单位。而在博客上，哪怕花个几十分钟甚至 1 小时来雕琢文字也没关系。根据视频、博客等各种媒体的特点、输入容量和输入方法的区别，我们所输入的内容也难免会体现出某些物理层面的特征。

最近频繁出现因为在推特上发表负面言论而惹出麻烦的事件。如果推特不限制字数，或许能让用户三思而后行；在提交和显示之间增加 10 秒的间隔，或许也能给人机会，在冷静下来之后撤销掉还在气头上所写的内容。

有件事很能体现出"分人"概念的有趣之处，事情发生在我参加niconico 视频网站的活动时。活动现场会进行直播，并将 niconico 直播上的观众弹幕实时显示在会场四周的大屏幕上，网络那一头的数万名观众发出的诸如"领带结系得太粗啦""说太快听不清"之类的评论，以极快的速度闪过，这些全都是我在普通演讲中无法看到的反馈。这让我对观看者的想法一目了然，自己简直就像拥有了读心术的超能力者。

面对大量弹幕评论我十分紧张，不过对比在日本学术会议上演讲时寥寥无几的反馈，我顿时又觉得这次体验十分值得。在我发表完研究成果之后，屏幕上刷满了代表鼓掌的"888"，真是比当着上千人的面演讲更令我感动。

正因为是仅仅存在于数字媒体中、转瞬即逝的"分人"，所以才能写出感性而细腻的评论，从而打动演讲者。这大概是只有"分人"才能带来的愉悦感吧。

如此，我们甚至可以将自己也视作"时间的函数"。俗话说"士别三日当刮目相看"，或许对于这句话我们可以这么理解：人类在时间维度上以"分人"的形式存在，不同时间点上的自己之间很可能毫无相似之处。

分身有何用处?

无论是在角色扮演里所扮演的角色，还是在互联网媒体或社交网站上作为自己分身的个人虚拟形象，一旦我们的肢体被数字化，我们其实就已经在生活中拥有了多具肢体。玩游戏的时候，开车的时候，工作的时候……我们已经逐渐适应了在顷刻间就转换成另一种身份。比如，一边和家人闲聊一边用手机回复短信，其实就是瞬间从居家的自我切换成了工作的自我。我们就像是电视机的频道或计算机的任务栏一样，已经具备了瞬间转换注意力焦点的能力。

更进一步，我们说不定就能迈入多肢体同时存在的未来。让这样的未来提前实现的产品之一，就是在物流机器人上安装摄像头和显示屏，组成简易家庭医生出诊系统，这种系统已经成功商业化了。像医生这样只有少数人才有能力从事的专业门槛较高的职业，其从业者最希望能降低的大概便是移动成本了。倘若能巧妙地利用远程临场技术让医生和患者见面，医生就无须亲自出诊，患者也没必要去医院了。特别是在治疗初期或后续观察期这些只需要看诊的场合，这种系统应该能起到非常大的作用。

又说不定，人类总有一天能同时调度和操作多具分身。在必须前往实地考察时，只需要瞄准目的地以光速将自己发射过去即可。未来的人甚至有可能变成随着时间在多重世界间漂移的存在。MIT的石井裕教授指出，未来媒体设计的最大问题将不再是地点、时间或身体，而是该如何对人的"注意力"这一有限的资源进行合理配置。

同时存在于多具肢体之中？

人类最多能操控多少个肢体？有研究可以帮助我们解答这一疑问。大家知不知道岩明均的漫画《寄生兽》？它讲述的是高中生新一被神秘的生物寄生，双方以共生的形式生存的故事。寄生在他右手上的生物叫作"右"。在根据漫画拍摄的同名电影中，主人公的手上长出眼睛的画面给人带来了强烈的冲击感。

同样是向手中植入"新眼睛"的尝试，我们从理化学研究所的藤井直敬先生等人制造的半透明型 SR 系统"SR system 50-50"中获得灵感，开发了能将多只眼睛的视野重合到一起的"蜘蛛视野"技术。相比之下，"右"只是在新一身体上的寄生物，归根到底还是外来者。而"蜘蛛视野"技术是将同时存在的多个空间实时重合，所以应该也可以算是虚拟现实中的增强现实或混合现实吧。我们最初的构想是，在头部的前后分别安装摄像头，将影像处理成半透明再叠加，然后显示在头戴式显示器上。如此一来，就能让人通过自己的眼睛同时看见视野之外的景色了。

想要理解所谓"蜘蛛视野"，可以先想象一面玻璃窗。人类在注视玻璃上的污渍时，视线并不会落到窗外；而在欣赏窗外的风景时，又几乎会忽略掉玻璃上所有的污渍。玻璃窗本身以及窗外的世界，这二者是同时存在的，而人类可以自主选择只注视其中一者，也能同时感知二者的变化。

那么，只要将从前后方分别拍摄到的影像半透明化并叠加，人类就能根据情况选择只注视其中的一方。我们尝试戴上"蜘蛛视野"装置的实物，一边操作眼前的电脑，一边接住从后方飞过来的物品，结果发现这居然行得通。我也试了试，果然，我就算是在白板上奋笔疾书的时候，也能立刻留意到身后有人在招手。这算是制造出了斋藤隆夫的漫画《骷髅13》里"不要站在我后面"的效果吧。

通过"蜘蛛视野"的实验，我们发现，如果用摄像头作为人眼，就能把多只眼睛所看到的世界都处理成半透明状，并重合成单一视野，然后人既可以只关注其中的某个世界，也可以留意到未关注的那些世界的变化。而接下来的课题，则是要搞清楚这样一个问题：像这种半透明的图层，我们最多能叠加几片。

或许有人会觉得，图层如果叠加得太多，终究是会超过人类的极限吧？但我们可以设想一下，监控室里密密麻麻的显示器正同时播放摄像头所拍的大量录像。绝大部分监控者的目的应该都在于防范，出于这个目的，监控者只要在出现了可疑人士时立刻将目光投向相应摄像头传来的录像即可，其余的录像则可以在一定程度上忽视掉。

从人机一体的角度来看，只要将部分任务交给机械自行处理即可。说不定，将来还会出现专门用于操纵多个肢体的操作系统。恐怕到时候我们最需要的，就是能辅助人类的人工智能了。总之，我想指出的是，人类的确是有可能同时操纵多个肢体的。

从远程临场到变身

拥有多个肢体的方法多种多样。我曾协助研发过一个产品，做成小熊玩偶形状的机器人手机。它作为一种沟通工具，运用了本书多次提到的馆暲先生所提出的虚拟现实概念之一"R-Cube"（real-time remote robotics，实时远程机器人）。或许我们也可将这个机器人手机称为将肢体形状变成了小熊的远程临场。早在2004年，玩具制造商IWAYA就已将机器人手机商品化了。

在使用这个产品进行通话时，通话者能够远程操作对方手中的小熊机器人。只要挪动自己手中的小熊四肢，对方手中机器人的相应部位也会做出相同的动作。通话者可以借助挥手、点头等肢体语言，即时表达通话过程中的感情。这个机器人手机的关键在于能让双方一起挪动分身机器人。假如一方想将机器人手机的右手向上动，而另一方却想向下动，那么对方的力道将会通过机器人的肢体传达过来。哪怕相隔万里，也会产生两个人是在摆弄同一台机器人的错觉。机器人手机的目的并不是让人与具备智能的机器人进行沟通，而是为了让两个人借助远程同步的分身机器人进行包含物理层面在内的沟通。

近几年来，互联网和各种数码设备都在飞速发展。或许分身机器人的门槛将会因此而不断降低。

Double Robotics公司的"Double Robot"正是一种远程临场机器人。在一根长度为1.2~1.8米的可伸缩杆顶部装上一块平板电脑（如iPad），然后通过平板电脑显示视频通话对象的脸。虽然这种机器人没有手，但在双脚的位置安装了轮子，通话对象可以操作它进行移动。

或许有人会问了，这跟电脑上的视频通话有什么不同？凭借杆状

Double Robotics 公司的 "Double Robot"

的身体和轮子，就能让通话对象的脸显示在与自己视线等高的位置上，从而产生一种对方好像就在身边的真实存在感。不亲自去用用看，我们是很难体会到这种感觉的。做到这种程度，已经足够用于增强远程的存在感了。例如，在公司内部开个小会的时候，不用对方到面前，只需要一个替身也挺不错吧？

　　东京大学的历本纯一先生做过一个"变色龙面具"的实验，同样是用平板电脑进行视频通话，但平板电脑却被安装在了现实中某个人的脸上。实验原理非常简单，只要把平板电脑当作面具覆盖到别人脸上，然后在屏幕中显示出通话对象的脸，大家就觉得真的是在和对方说话。

　　让肢体变身成另一个人，或许连意识也能变成对方的。英国伦敦大学学院曾做过一项实验，让一名白人女性戴上头戴式显示器，使其变身成为黑人女性的虚拟形象，然后观察她在虚拟现实空间中的生活会发生什么样的变化。结果令人震惊，在变成黑人女性之后没多久，这位白人女性在潜意识里对于黑人女性的偏见淡化了很多。由此可见，肢体的变身所改变的或许并不只有外表，就连社会倾向和心态也会随之发生变化。

德国作家弗朗茨·卡夫卡（Franz Kafka）的小说《变形记》讲述了男主角在某天早晨醒来，发现自己变成了一只巨型甲虫的故事。让我们假设这样一种可能：变身不仅会令肢体发生改变，还会令意识也随之改变，如此一来，说不定《变形记》的结局就会大不一样。与《变形记》的思路不同，2009年上映的科幻电影《第九区》展现的则是人类一旦变身为外星人，内心将会发生怎样的改变。至于到底会发生什么改变，大家看过电影就知道了。

交换肢体

有一种有趣的装置能够让人类交换感觉，从而实现远程临场，那就是媒体艺术家八谷和彦先生在1993年发明的"视觉听觉交换机"。它能把两个佩戴了头戴式显示器的人用头顶摄像头拍摄到的影像以及用麦克风收录的声音等信息，原封不动地进行交换。亲自体验过这个装置就会发现，戴上之后我们哪怕只是想握个手或随意走走，都变得十分艰难。感觉上就好像对方的身体才是自己的身体，真是不可思议的体验。

相互交换身体这个创意在很早以前就有人想到过。大林宣彦导演在 1982 年的电影《转校生》里就曾表达过该主题。当时还默默无闻的尾美利德和小林聪美同台飙戏，饰演互换身体的少男少女，这在某些方面还真算是相当大胆的作品啊。

将这个创意化作现实的，是 2014 年 Be Another Lab 的"性别互换"（gender swap）实验，实验者借助头戴式显示器产生了相似的体验。

将肢体交给别人操纵

有许多需要用到肢体的艺术都十分有趣。世界著名的表演艺术家史蒂拉（Stelarc）以肢体为主题，尝试过许多非常前卫的表现方式。我很喜欢这位艺术家。

采用增强肢体的表现方式，他大胆地制作了看起来十分震撼的各种作品。例如，将机器人作为第三只手的作品"第三只手"（Third Hand），以及在自己的手腕上设置一只连接了互联网的第三只耳朵的作品"手臂上的耳朵"（Ear on Arm）等。

其中，特别值得关注的是一件名为"寄生"（Parasite）的装置作品。

史蒂拉的"第三只手"

这一装置被称为功能性电刺激，需要将大量导线连接到肢体上。通过该装置向肌肉及主管肌肉的神经通电，肌肉就会收缩，从而带动手脚活动。利用这种电流刺激，其他人就能通过互联网来控制史蒂拉的肢体活动。

早稻田大学的玉城绘美女士在东京大学就读博士期间开发出了"被占有的手"（Possessed Hand）装置，原理也是采用机械式的电流刺激。但该装置会对电流的输出模式进行机器学习，所以佩戴者可借助它来吹奏萨克斯或弹琴。尽管它只是机械，但感觉上就像是有其他人在操纵自己的肢体活动一样。

大阪大学的前田太郎先生所构思的"寄生人"（Parasitic Humanoid）装置也十分有意思。"寄生人"在身上安装各种各样的可穿戴式传感器以感知外界，然后让装置记住此人从知觉到行动的模型。接下来，向安装在实验者双耳之间的可穿戴式机器输入微弱的电流，以误导其平衡感。如此一来此人自然会以为自己的身体倾斜了，就好像是受到了其他人的操纵一样。这是一套能够完美诱导人的体系。

一旦这些工具被投入使用，那么判断自己的肢体到底属于谁的分界线，将会变得愈发模糊不清。

瞬间移动是否可能？

当肢体的边界开始模糊，如果我们先将肢体分解，然后再重新组装起来，行得通吗？这个创意在科幻作品中也曾反复出现。美国科幻片《星际迷航》系列中就出现了传送器（transporter），它采取的是用光波将物质分解后传送到目的地再进行重组的方式。而1986年的电影《变蝇人》讲述的是男主角因为物质传送机"电子传送舱"（telepod）里不小心飞入了苍蝇，结果肢体从分子水平上与苍蝇融合到了一起，变成了苍蝇人的故事。

倘若能使用远程临场技术，从分子、原子甚至量子水平上将自己传送出去，那将会是怎样的场景？等到某一天我们能利用3D打印准确地重组肢体时，人类又将会变成什么样？人类能否复制，意识能否与肢体分离，这是人类永恒的命题。在围绕肢体展开探讨时，最终都会归结到这个主题上去。

如果某人的心灵与肢体分离，也就是其肢体脱离了心灵的掌控，比较合理的看法是他将会丧失同一性（identity）。执行肢体与外界间互动的输入输出结构（交互界面）一旦发生变化，就如同先前那些变身实验，人的内心会受到极大的影响。我们是否真的以为，承受过这些变化的心灵与过去还是同一个呢？

关于这一点，意大利医生曾制定过进行人类头部移植手术的计划，希望能将颈部以下全身瘫痪的患者的头部切割下来，移植到被判定为脑死亡的其他患者肢体上。以前人们曾在猴子身上做过相同的尝试，但全都没有成功，特别是将脊髓连接起来的难度太高，因此手术计划受到许多质疑。倘若医学和科学的进步能将这个手术变为现实，那么对于人类大脑和肢体关系的看法，或许也会发生改变吧？

面包超人的自我认同

如此想来，柳濑嵩的《面包超人》中的设定实在是不可思议。面包超人的头是用面包做的，一旦被咬伤，他就会使不出力来，因此总是要请果酱爷爷帮忙烤新的面包头给他换上。和上一段所介绍的头部移植手术相反，只保留身体而将头部整个替换掉，面包超人还能保持自我认同（self-identity）。尽管有些失礼，但我还是想说些与面包超人完全不相干的话题。按照我的想法，或许从肢体被切掉的那一刻起，大家都将对方视作假货了。另外，插画家MACCHIRO还曾画过题为《豆沙馅超人》的模仿漫画，在网上红极一时。这个漫画的创意跟我的想法差不多，结局是每一个新头部其实都是不同的自我。

这种关于身心关系的讨论，比较有代表性的是名为"缸中之脑"（Brain in a Vat）的思想实验。哲学家希拉里·普特南（Hilary Putnam）提出了这样一个问题："你所体验的这个世界，有没有可能只是漂浮于水缸中的大脑所见到的虚拟现实？"这个想法跟电影《黑客帝国》的世界观很像，即怀疑此刻眼前的世界全都是虚拟现实。

虽然这个思想实验没有答案，不过若要得出一个对现阶段而言比较合理的结论，我们还是能够证明，当前的世界至少不是由如今这种系统结构的电脑所构建的虚拟现实。在围绕计算机动画技术的讨论中，存在"现实感的模拟极限"这一说法。1987年美国康奈尔大学一位博士生提出，尽管多个物体之间的位置关系可以基于物理法则进行推算，但计算量将随物体个数的增加而呈指数性增长。也就是说，哪怕仅计算目前地球上的物体，也需要无比庞大的计算量。根据目前的计算机性能，即使从宇宙诞生之日开始算起，一直算到现在都算不完。不过也存在反对意见，例如认为宇宙中很可能存在能进行大规模并行处理的计算机，而我们只需要计算视野范围内的东西就够了。计算机运算的数学原理就这样与"缸中之脑"这个哲学问题联系在了一起。或许在今后的时代，多个领域之间还将进一步融合，最有趣的莫过于此了。

至此，我们展望了人类如何使用多个肢体以及变身的可能性，还探讨了有可能遭遇哪些障碍，明白了意识与肢体之间存在着的关联。接下来我们要思考的是，在达成人类分身和变身之后或许会发生的"肢体融合"的问题，也就是针对能否让多人操纵同一个肢体这个问题展开讨论。

3

肢体能否融合？
——从肢体融合到后肢体社会

夺取别人的肢体

应该有读者看过 1999 年上映的美国电影《成为约翰·马尔科维奇》吧？这是一个异想天开的故事：墙壁上有一个洞，能通往一个叫马尔科维奇（Malkovich）的人的脑中，只要进入洞穴，就能同步感知马尔科维奇肢体的感觉。把自己的感觉转移到另一个人的肢体中，这在如今看来也是非常有创意的。

在观看录像时，镜头的方向是无法移动的，所以在拍摄时选择将镜头对准哪个方向就显得十分重要了。有可能解决这个问题的是东京大学历本纯一先生研发的"JackIn Head"，这是兼任索尼电脑科学实验室副所长的历本先生在该实验室制造的一种可穿戴式摄像头。该摄像头能 360 度旋转，只要像戴帽子一样戴上，就会在眼前的屏幕上显示出四周的全景。

这跟《成为约翰·马尔科维奇》很像，会让人产生一种类似于进入了另一个人的头脑之中、正以那个人的视角查看四周的感觉。而且，全景影像还会先经过防抖处理再进行传送，以减少观看时的眩晕感。无论是把它应用到观看体育比赛，还是救灾或医疗等需要专业知识的现场，这都是一款很值得期待的产品。

"夺取"别人的肢体，说不定还真有可能随着科技的进步而变成现实。

间接体验的价值

伴随外国游客的大量涌入，类似爱彼迎（Airbnb）这样开展民居短租业务的共享服务在日本也成了潮流。其实，还有一种类似的服务，那就是将自己的肢体共享出去。这种服务名叫 Omnipresenz，是在共享者头部与视线等高的位置安装运动相机，然后将拍到的影像提供给远处的使用者进行间接体验。说白了，就是令共享者本人成为使用者的虚拟形象。因为使用者随时都能通过麦克风下达指令，所以作为间接体验方，他会产生一种是自己在操纵对方的错觉。倘若再搭配头戴式显示器，强烈的现实感恐怕真的会让使用者以为自己夺取了别人的肢体。

尽管这个服务现在只发布了实验阶段的测试版，但人们已经想出了无数种使用方法。既然有人想要间接体验一下高空跳伞，说不定也会有人因为担心住在远方的父母而希望能请人去照看，还有像攀登珠穆朗玛峰这样并非人人都能参与的活动。这或许是因为大家发现，源自肢体的体验本身就具有极高的价值。

例如，圣地巡礼活动并不是人人都有机会参加，所以巡礼者不得不先向身边的人集资，然后代替大家祈祷，回来之后再分享旅途心得。像这样追求间接体验的事情可谓自古有之。

在日本，有名为傲库旅游（OcuTabi）的组织。该组织通过"傲库路思"这款头戴式显示器，以颇具现场感的方式间接体验其他人的旅行感受。在实验中我们还意外地发现，吃饭的镜头格外受体验者欢迎。

分享自己的体验

其实，这种分享他人体验的行为早就不新鲜了，类似于头戴式显示器这样的技术革新，使得虚拟现实的现实感大大增强。如此一来，个人很有可能打破大众媒体的垄断，以自媒体的方式出售各种稀缺体验。

　　显然，我们的肢体很可能随时间的变化而经常发生切换，此一时我去分享别人的体验，彼一时我将自己的体验分享出去。又或者，只要调整好专属于自己的时间和专属于别人的时间，令其不发生冲突，我们都会觉得"这就是我自己的肢体"吧。就好像共享汽车和共享房间会孕育出虚拟的归属感，在数字媒体的推动下，如今已经浮现出越来越多能拿来共享的可能性。

　　从这个角度来看，"时间"很可能成为一个关键词。希腊语中表示"时间"的单词有两个，即"Κρόνος"（Chronos）和"Καιρός"（Kairos）。前者用于表达以恒定的速度和方向从过去向未来机械性流逝的连续时间概念；而后者则用于表达人类主观感觉到的时间，或是与他人分享的时间。那么，我们能否凭借 VR 技术或人类增强工程来控制 Kairos 时间呢？这恐怕就是研究者今后必须解决的问题了。只要能延长肢体的 Kairos 时间，与他人分享的感觉就会增加，甚至还能建立起相当程度的归属感。

　　如果说互联网已掌控空间，那么 VR 技术和人类增强工程又将如何掌控时间呢？这一定会成为我们未来最为关注的问题。

实现肢体融合的可能性

　　不只是体验性的分享，人类还希望能将独立存在的多个意识与肢体合而为一，以此为主题的科幻作品屡见不鲜。

动画《PSYCHO-PASS 心理测量者》是一部描述未来的科幻作品，以引入了能将人类各种心理状态及性格倾向进行数值化测定的"西比拉先知系统"（Sibyl System）的日本为背景。根据西比拉先知系统所给出的"犯罪指数"，超过某个数值的人就有可能犯罪，会被相关人员当作"潜在犯"而裁决。动画的每个细节都充斥着科幻设定，哪怕只是一一品味这些设定，都能让观众充满乐趣。

西比拉先知系统的运行机制在剧情中一直是最大的谜团，直到后来才渐渐暴露"身份"。这个系统真的是非常有意思。考虑到接下来会剧透，我尽量写得简单一点。总之，想要操作这个系统，就要先把人集中到一个地方并与电脑和机械相结合，以拓展众人的思维能力。

类似的还有间濑元朗的漫画《投票机器人少女》，讲述的是将每个人的决策都整合到一台仿生机器人中，以多数决原则（majority rule）决定其行动。漫画提出了一个很有意思的问题：如果能将多数决的投票程序进行优化，更尊重少数派意见一些，是不是就能实时做出正确的选择呢？说不定，还可以通过将人工智能也加入这个集体智能（collective intelligence），来进一步提高行动选择的精准度。

像这样由许多人来操纵同一具肢体的场景，我把它叫作"肢体融合"。包括大脑在内的肢体一旦被数字化，我们就有可能在一具机器人或人形机器人的肢体之中塞入许多的个人。

海盗党的流动式民主

在现实世界中，欧洲海盗党（Piratpartiet）进行的就是一种类似于"肢体融合"的政治活动。海盗党的参加者多为黑客和 IT 工程师，他们以互联网文化为前提，反对著作权法和专利法，提倡政治透明和互联网中立。

有趣之处在于，德国海盗党在政治上提倡的是追求透明度和灵活性的流动式民主（liquid democracy）。其思路是，每到实际进行政治决策时，就让党员使用名为"流动式反馈"（liquid feedback）的软件通过网络进行投票，实时做出决策。尽管决策的主体并不像《投票机器人少女》那样是一台具有实体的仿真机器人，但理论上也能实现相同的效果。这个办法当然有好处也有坏处，不过这种类似于"肢体融合"的机制的出现，或许也是历史的必然吧。

"肢体融合"应该更接近于玩两人三脚或唱双簧，大家集体处于无法分清是谁在跑、谁在用力、谁又在碍事的混沌状态。假如投票范围只有学校教室那么大，或许个人在投票时还能感觉到自己的想法获得了支持，可是一旦扩大到一个地区或整个国家，每个人就很难收到反馈了。希望今后的研究能够阐明，人类在什么阶段会产生诸如行动尚受自己控制、尚有自我归属感抑或是自我效能感之类的感觉。

无处不在的肢体

托马斯·弗里德曼（Thomas Friedman）在他的全球畅销书《世界是平的》中写过这样一段令人印象深刻的典故。在美国任何一家麦当劳得来速餐厅（drive-through），司机坐在车里用对讲机点单和取餐，但其实对讲机连接的并不是他眼前的这家店，而是位于科罗拉多州的呼叫中心，由呼叫中心接单之后再分发给下单的店铺。

这是因为美国有太多移民，店员一旦碰到英语不怎么好的移民，就很可能点错单从而影响服务质量。反倒是由远在千里之外的呼叫中心接单的正确率更高，能让服务质量和效率都有所提升。

据说如今，这个呼叫中心不只是在科罗拉多州，在亚洲和欧洲也都设立了分部。如此一来，麦当劳不但可以利用物价差异降低需要支付的工资，还可以利用时差抵消夜间的加班费，从而大幅度压低了成本。

而发生的更大变化则是机械化。现在，呼叫中心几乎都是由机器听取客人的要求，再根据需要交给人类进行回答。某些方面采用自动化，某些方面则让人类应对，要我来形容的话，这几乎就等同于实现了人机一体。

在《世界是平的》出版之后，随着能在网上接单并支付的众包服务（crowdsourcing service）的普及，能以数据形式进行收发的信息输入或设计等业务也开始逐渐能即时完成，而不需要待在办公室里了。人类从肢体的制约中获得了解放，这有可能影响到越来越多的行业——就连工厂里的工作，说不定都能使用远程临场技术操纵分身机器人去完成。随着机械化水平的提高，农业说不定也能进入某种半自动化模式，室外作业能通过机器人和无人机完成，人则在出问题的时候偶尔离开一下舒适的空调房去进行操作。或许有一天，所有无需人工值守的工作都可以交给机械，人只要在听到警报或发现问题时动动手就行了。

一旦摆脱了肢体所带来的物理束缚，因地域不同而产生的价值差异就会消失，"肢体的地域平等"随之成为现实，一个更加平坦的世界将展现在我们的眼前。

后肢体社会的蓝图

前面介绍了各种用作远程临场或分身的机器人，以及具备更高现实感和分辨率的 VR 技术。那么在它们的发展进化过程中，将会发生些什么呢？

首先说说积极的一面。对于身体抱恙的老年人、残疾人以及远在海外的人，这些新技术或许能激励他们向障碍提出新的挑战。不过也存在消极的一面。自动化作业的机器人一旦普及，出于经济理性的考量，最先有可能被顶替掉的就是那些从事低技术含量工作的人群。也就是说，劳动密集型的意义可能会逐渐消失。尽管未来难以预测，但至少有一点我们可以肯定，那就是一切必将发生翻天覆地的变化。

当肢体摆脱了物理上的束缚，人类迈入"后肢体社会"，未来将变成什么样呢？为了畅想10年乃至20年后的未来，包括我在内的虚拟现实研究者们齐心协力共同绘制了一幅蓝图，并将其发表在《日本虚拟现实学会会刊》上。蓝图是这么说的：

> 物理世界与虚拟世界彻底融为一体，再无界限，形成了一个"R—V（reality—virtuality）连续基体"。在该基体上，将构建起一个城市—乡镇、个人—社会无缝衔接的社会。而在这个虚拟社会里，每个人都摆脱了时间或距离等物理方面的制约，以及运动或认知能力等肢体方面的制约。无论是谁，都能自由地参与社会活动，进行生产活动，进而获得经济上的独立，其中当然也包括借助机器人实现的劳动或技术传承等。预计到2040年左右，就能初步形成一个能让每个人根据性格各展所长，在相互理解的基础上展开生动而有成效的创造性活动的"长尾型高参与度社会"。

在圈外人看来，"R—V连续基体"之类的词，是那样不知所云。不过，这份宣言的内容几乎涵盖了本书所描写的大部分愿景，从这个角度来看，我们就会发现人类增强工程和虚拟现实其实互为表里，缺一不可。

写给终将诞生的超级人类

最后，我想再次重申一下贯穿本书的主题。本书畅想了"超级人类"的出现，并始终围绕这一主题而展开。

在第一章中，我们首先概览了人类肢体从弥补到增强的发展历程，然后针对原本只是工具的增强肢体日益肢体化的过程进行探讨，围绕该如何界定肢体与外部的边界这个问题介绍了各种实验案例。最后，揭示了人类增强工程这门学科的意义在于从内外两方面拓展肢体所能控制的领域，还解释了人机一体、自动化和自在化这些对本书而言非常重要的概念。

在第二章中，为了弄清楚肢体都具备哪些功能，我们阐明了世界是基于客观物理世界的现实感而构成的。然后介绍了用于建立全新现实感的 VR 技术，思考了如何才能创造出分辨率更高的人类现实感。最后以远程临场为例，探索了肢体脱离的意义。

在作为最后一章的第三章中，我们以作为分身的机器人和人形机器人为切入点，首先思考了将机器人做成人形的意义，接下来阐述了人类依托于分身乃至多个肢体生活的可能性，还围绕变身可能引发的心理变化以及身心分离时的自我认同进行了探讨，进而描绘了将多个肢体融为一体的"肢体融合"这一未来图景，对于后肢体社会展开了想象。

至此，所谓超级人类指的就是从增强肢体到人机一体、自动化与自在化，从肢体脱离到分身、变身乃至"肢体融合"。当人类将信息技术、

VR 技术、机械技术及网络技术等所有学科融会贯通之时，就能化身成为不仅能制造工具、还能用自己的双手改造自身肢体的存在，也就是化身为超级人类。

　　本书所描绘的是朝着超级人类这一愿景所迈出的第一步。为了尽可能接近这个愿景，今后我仍将保持兢兢业业的工作态度，不虚度自己身为研究者的每一天。

后　记

　　我常对学生说，在大学里做研究就好像是在酿酒。葡萄果汁从开始发酵到成熟，漫长的时光将赋予美酒以醇厚与香甜的口感。与之类似，想要令最初发现时根本不知道能派上什么用场的研究成果广为人知，并以低廉的价格普及开来，也需要时间。

　　虚拟现实终于结出硕果，就是极好的例子。该领域的相关研究早在 20 世纪 90 年代就已风靡学术界，知识积累极为丰厚。但直到最近几年，用于智能手机的 OLED 显示器、加速度仪和螺旋仪等传感器，以及常被当作动作处理和图像生成程序使用的游戏引擎的成功开发，才使得虚拟现实终于出现了普及的苗头。

　　同时值得注意的是，有越来越多类似于动力服的增强肢体的事例涌现出来。这项技术最初的开发目的只是想把它用在建筑工地和飞机制造厂，如今，其目标却已指向医疗、护理等必须由人类而不是机器人来从事的服务行业。即便在短期内看不清自己的研究会给社会带来何种回报，从长远来看，总能与社会发展的趋势相吻合，这便是做研究的乐趣所在了。

另外在大学里，既有主要进行基础研究、做出新发现的理科（科学），也有运用这些发现或技术来解决问题的工科（工程学）。工程学也被称作解决空间问题的科学。比起酿酒，工程学更类似于烹饪，工程师根据烹饪主题找到合适的食材，然后运用各自拿手的调理方法进行烹饪。也就是说，如何盘点科学孕育出的技术积累，怀着什么样的目的进行产出，就是考验工程师"手艺"的地方了。

正因为如此，我才认为，从《哆啦A梦》和《铁臂阿童木》开始，陆续孕育出无数受全世界热爱的机器人动画和科幻作品的流行文化起源于日本，是具有重大意义的。本书之所以引用了诸多科幻和娱乐作品，正是因为我对于开展此类扎根于本土的工程研发有着充分的自信，并且希望向全世界昭告。

如何增强人类肢体，是一门非常深奥的学问。一位研究语言障碍的科学家曾说："它们或许确实存在语言障碍，但也许是我们不具备倾听它们的语言的能力。"正是这个道理，或许只要我们发明出可以听懂对方语言的听觉增强技术，问题就能得到解决。到底是建设无障碍设施从外部环境出发来解决问题，还是利用增强肢体从内部肢体的角度来解决问题？从不同的角度把握和看待问题，世界将焕然一新，这就是工程学的有趣之处了。

本书同样写到了我们该如何将科幻作品所描写的未来世界，以工程学的手段加以实现。小学时，我每天都期待着抽屉里能跳出一只哆啦 A 梦。而当我不再期待哆啦 A 梦之时，我就下定了决心，总有一天要凭自己的本事制造出各种秘密道具，我要亲手制造自己想要的东西，制造能给大家带来欢乐的东西。大家倘若能从书中多少体会到一些工程学的乐趣，身为作者，我将感到无比欣慰。

最后，本书在写作过程中获得了许多人的帮助，在此一并感谢。

感谢从我在大学本科阶段参加虚拟现实竞赛开始就一直照顾着我的东京大学名誉教授馆暲老师。如果没有他，我如今也不会走上科研之路。借此机会，我想要慎重地表达心中的感激之情。感谢在我刚进入实验室时向我推荐了《攻壳机动队》，并且日夜指导我开展科研工作的大阪大学前田太郎老师。同时，也感谢名城大学的柳田康幸老师。感谢令我明白思维碰撞与独立思考对科研有多重要的东京工业大学前任校长相泽益男老师。感谢与大一时对技术还一窍不通的我一起摸索、共同制造出 VR 系统的东工大机器人技术研究会 ARMS 的成员们，特别是关口大陆先生和森泰叔先生。感谢在 2009 年不幸去世、年仅 39 岁的川上直树老师，他从本科组成 ARMS 时开始直到在馆暲先生实验室制造出光学迷彩为止，一直与我不分昼夜共同进行着研究。感谢给予了新晋讲师的我以无私帮助的京都大学松野文俊老师。感谢启发了我对机器人交互进行深入思考的东京大学五十岚健夫老师。感谢 JST 五十岚 ERATO 项目组的各位。感谢在共同研究中交流了各方面见解的 MIT 媒体实验室的拉梅什·拉斯卡尔（Ramesh Raskar）老师、南澳大学的布鲁斯·托马斯（Bruce Thomas）老师、上奥地利应用科学大学的迈克尔·哈勒（Michael Haller）老师、INRIA 的阿纳托利·雷区耶（Anatole Lécuyer）博士。感谢对于肢体的未来提供了诸多见解和建议的理化学研究所的藤井直敬老师。感谢东京大学的筱田裕之老师、历本纯一老师、丰桥技术科学大学的北崎充晃老师，以及其他的许多人。全靠大家的支持，我才能将研究坚持下来。还要感谢超人体育协会的中村伊知哉老师、MIT 媒体实验室的石井裕老师、电子通讯大学的梶本裕之老师、东京工业大学的长谷川晶一老师以及 NTT 的渡边淳司先生。他们几乎每天都会与我交换意见，给我的研究提供了许多建议和看法。借此机会，正式表达我的感谢。另外，本书以我在庆应义塾大学研究生院媒体设计研究部的"现实感设计"课程讲义为基础，在对内容做了大量充实并经全面修改之后完成。总能对讲义和研究做出一针见血的犀利点评的奥出直人老师、新居英明博士、杉本麻树老师、南泽孝太老师以及现实感媒体项目组的全体工作人员，还有以积极的发言充实了课堂的所有学生们，向你们表达真诚的谢意。

日本 NHK 出版社的久保田大海先生对本书的出版给予了大力支持；还有 exiii 的山浦博志先生为本书提供了照片，在此一并表示感谢。

一直以来，多亏了支持着我的妻子，令我能心无旁骛地专注于科研工作，借此机会向她表达我深深的感谢。

希望本书能成为读者了解人类增强工程，并对未来产生更高期望的契机。倘若在读者之中能出现梦想成为创造未来的研究者的有志之士，我身为作者，将感到无上的光荣。今后，我也将以本书为突破口，继续推动人类增强工程的研究与实践。

2016 年 1 月

稻见昌彦

图书在版编目（CIP）数据

超人诞生：人类增强的新技术 / （日）稻见昌彦著；
谢严莉译 . — 杭州：浙江大学出版社，2018.11
ISBN 978-7-308-18598-1

Ⅰ.① 超… Ⅱ.① 稻… ② 谢… Ⅲ.① 自动化技术－
基本知识 ② 计算机技术－基本知识 Ⅳ.①TP2②TP3

中国版本图书馆 CIP 数据核字（2018）第 204602 号

浙江省版权局著作权合同登记图字：11-2018-447 号

超人诞生：人类增强的新技术
［日］稻见昌彦 著 谢严莉 译

策 划 者	杭州蓝狮子文化创意股份有限公司
责任编辑	曲 静
责任校对	杨利军 沈 倩
出版发行	浙江大学出版社
	（杭州市天目山路 148 号 邮政编码 310007）
	（网址：http://www.zjupress.com）
排 版	杭州中大图文设计有限公司
印 刷	浙江新华数码印务有限公司
开 本	880mm×1230mm 1/32
印 张	5.875
字 数	119 千
版 印 次	2018 年 11 月第 1 版 2018 年 11 月第 1 次印刷
书 号	ISBN 978-7-308-18598-1
定 价	52.00 元

版权所有 翻印必究 印装差错 负责调换
浙江大学出版社市场运营中心联系方式（0571）88925591;http://zjdxcbs.tmall.com